高等职业教育计算机类专业新形态教材

数据库应用（MySQL）

主　编　田春尧　魏玉书
参　编　汪　强　景　泉

北京理工大学出版社
BEIJING INSTITUTE OF TECHNOLOGY PRESS

内 容 提 要

本书共9章，主要内容包括MySQL基础，MySQL管理，SQL基本语法，数据查询，视图与事务，索引、约束与分区，存储过程和触发器，MySQL函数，图形化管理工具Navicat。全书重点介绍了MySQL的安装与配置、数据表的操作、存储过程和触发器及Navicat的使用。本书注重实战操作，帮助读者通过实例讲解循序渐进地掌握MySQL中的各项技术。

本书可作为高等院校计算机类相关专业1+X证书培训用书，也可作为MySQL数据库开发人员学习手册，还能作为MySQL数据库初学者的入门教程。

版权专有　侵权必究

图书在版编目(CIP)数据

数据库应用：MySQL / 田春尧，魏玉书主编.---北京：北京理工大学出版社，2021.8（2025.2重印）

ISBN 978-7-5763-0246-2

Ⅰ.①数… Ⅱ.①田… ②魏… Ⅲ.①SQL语言－程序设计－高等职业教育－教材　Ⅳ.①TP311.132.3

中国版本图书馆CIP数据核字（2021）第176678号

责任编辑：阎少华	文案编辑：阎少华
责任校对：周瑞红	责任印制：边心超

出版发行 / 北京理工大学出版社有限责任公司

社　　址 / 北京市丰台区四合庄路6号

邮　　编 / 100070

电　　话 /（010）68914026（教材售后服务热线）
　　　　　（010）63726648（课件资源服务热线）

网　　址 / http://www.bitpress.com.cn

版 印 次 / 2025 年 2 月第 1 版第 4 次印刷

印　　刷 / 河北鑫彩博图印刷有限公司

开　　本 / 787 mm×1092 mm　1/16

印　　张 / 14

字　　数 / 355 千字

定　　价 / 42.00 元

图书出现印装质量问题，请拨打售后服务热线，负责调换

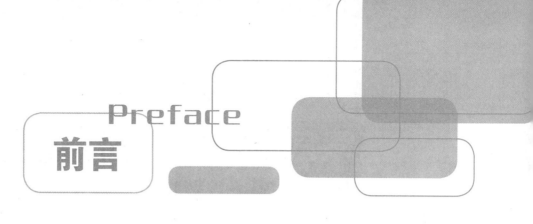

　　本书可作为高等院校计算机类相关专业1+X证书培训用书，也可作为MySQL数据库开发人员学习手册，还能作为MySQL数据库初学者的入门教程。本书内容注重实战，通过实例的操作与分析，引领读者快速学习和掌握MySQL开发和管理技术。

　　本书内容主要包括：

　　第1章包括MySQL简介，并以MySQL8.0为例，介绍MySQL数据库的安装和配置、MySQL管理工具的使用等。

　　第2章包括创建数据库、删除数据库、创建数据表、查看数据表结构、修改数据表和删除数据表、用户管理和MySQL系统默认数据库简介。

　　第3章主要包括MySQL语句简介，MySQL基本数据类型与字段的属性，数据的插入、更新与删除。

　　第4章包括简单查询、连接查询、嵌套查询、分组及计算查询。

　　第5章介绍视图的创建、修改和如何使用视图，事务的概念和事务的处理。

　　第6章介绍索引的概念、索引的类型、索引的建立和使用、查看索引和删除索引；通过EXPLAIN语句对查询案例进行详细分析；约束的建立和使用；分区类型简介，分区的建立。

　　第7章介绍存储过程的创建和使用，存储过程的参数、参数编码以及存储过程中变量的使用；流程控制语句的使用；触发器的建立和触发过程；事件的建立和使用。

　　第8章包括MySQL的内部函数的使用、自定义函数的建立和调用。

　　第9章介绍通过Navicat完成数据库的各种操作。

　　本书内容全面，通过具体实例，由浅入深地介绍MySQL数据库开发技术。在介绍案例的过程中，每一个操作均有对应步骤和执行过程，使

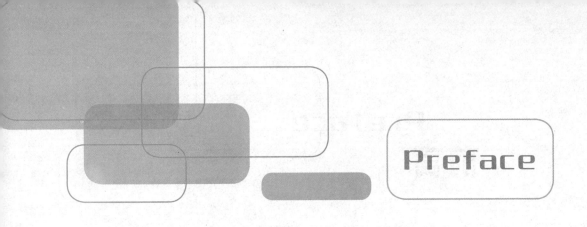

读者在学习时能够直观、清晰地看到操作的过程及效果，便于读者更快地理解和掌握。

本书第1、2、3章由魏玉书编写，第4章由汪强编写，第5、6、7、8章由田春尧编写，第9章由景泉编写。

由于编者专业水平有限，书中难免存在疏漏和不足之处，敬请广大读者批评指正。

编　者

Contents 目录

1　第1章　MySQL基础

1.1　MySQL简介 …………………………………… 1

1.2　关系型数据库简介 …………………………… 2

1.3　MySQL的安装与配置 ………………………… 2

12　第2章　MySQL管理

2.1　MySQL数据库管理 …………………………… 13

2.2　MySQL数据表管理 …………………………… 16

2.3　MySQL用户管理 ……………………………… 22

2.4　默认数据库 …………………………………… 27

2.5　数据库的备份与恢复 ………………………… 31

35　第3章　SQL基本语法

3.1　SQL语句简介 ………………………………… 35

3.2　MySQL基本数据类型与字段的属性 ………… 37

3.3　数据操纵 ……………………………………… 40

44　第4章　数据查询

4.1　简单查询 ……………………………………… 46

4.2　连接查询 ……………………………………… 51

4.3 嵌套查询 …… 56
4.4 分组及计算查询 …… 58

62　第5章　视图与事务

5.1 视图 …… 62
5.2 事务 …… 65

69　第6章　索引、约束与分区

6.1 索引 …… 69
6.2 EXPLAIN语句 …… 79
6.3 约束 …… 91
6.4 分区 …… 101

122　第7章　存储过程和触发器

7.1 存储过程 …… 122
7.2 流程控制 …… 142
7.3 触发器 …… 154
7.4 事件 …… 164

169　第8章　MySQL函数

8.1 MySQL内部函数 …… 169

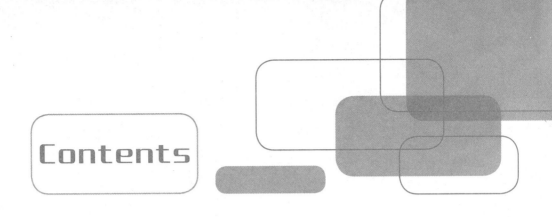

8.2 MySQL自定义函数 …………………………………………… 190

195 第9章 图形化管理工具Navicat

9.1 Navicat概述 …………………………………………… 195

9.2 Navicat Premium的使用 …………………………… 196

9.3 数据库 …………………………………………………… 198

9.4 数据表 …………………………………………………… 199

9.5 索引 ……………………………………………………… 202

9.6 外键 ……………………………………………………… 203

9.7 触发器 …………………………………………………… 205

9.8 视图 ……………………………………………………… 207

9.9 存储过程 ………………………………………………… 208

9.10 事件 …………………………………………………… 211

9.11 数据备份与恢复 ……………………………………… 212

第 1 章

MySQL 基础

教学目标

1. 了解 MySQL 的发展，关系型数据库的基本概念。
2. 掌握 Windows 平台下 MySQL8.0 的安装与配置。
3. 掌握 MySQL 管理工具的使用。

学习导航

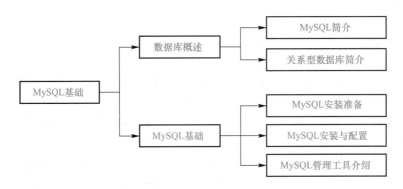

1.1 MySQL 简介

MySQL 是一个开源的关系型数据库，是最受欢迎的开源软件之一，现在很多应用软件的数据库都是使用 MySQL。其目前被 Oracle 收购了。MySQL 最开始是由瑞典 MySQL AB 公司 Monty Widenius 开发；Monty Widenius 是一位编程天才。他 19 岁从赫尔辛基理工大学辍学开始全职工作，33 岁时，他发布了 MySQL，成为全世界最流行的开源数据库。2008 年，他以 10 亿美元的价格，将自己创建的公司 MySQL AB 卖给了 Sun。此后，Oracle 公司在 2009 年的时候收购了 Sun 公司，很重要的原因就是为了 MySQL。

Monty Widenius 离开了 Sun 之后，觉得依靠 Sun/Oracle 来发展 MySQL 并不乐观，于是决定另开分支，这个分支的名字叫作 MariaDB。MariaDB 名称来自他的女儿 Maria 的名字。

MariaDB 与 MySQL 在绝大多数方面是兼容的，对于开发者来说，几乎感觉不到任何不同。目前，MariaDB 是发展最快的 MySQL 分支版本，新版本发布速度已经超过了 Oracle 官方的 MySQL 版本。现在 MySQL 有两个版本，一个是 Oracle 官方的 MySQL 版本，另一个是 MariaDB 版本。

1.2　关系型数据库简介

　　数据库(DataBase，DB)是存放数据的仓库，是长期存储在计算机内、有组织的、可共享的大量数据的集合。数据库中的数据按一定的数据模型组织、描述与存储，具有较小的冗余度、较高的独立性和易扩展性，并可为用户共享。用户可以对数据库中的数据进行添加、修改、删除和查询操作。

　　数据库管理系统(DataBase Management System，DBMS)是指管理数据库的系统软件，主要功能包括数据库的建立与维护功能、数据定义功能、数据组织、存储和管理、数据操作功能(如增删改查)及其他功能等。

　　根据数据的组织形式，当前数据库分为关系型数据库和非关系型数据库两种。

　　关系型数据库是指采用了关系模型来组织数据的数据库。

　　关系模型指的就是二维表格模型，而一个关系型数据库就是由二维表及其之间的联系所组成的一个数据组织。

　　关系数据库中的概念：

　　关系：二维表，关系的名称，也称为表名；

　　元组：二维表中的一行，在关系数据库中也称为记录；

　　属性：二维表中的一列，在关系数据库中也称为字段；

　　关键字：能够唯一标识元组的属性或属性集合，数据库中常称为主键，目前主要的关系型数据库有 Oracle、MySQL、DB2、MS SQL Server 等。

　　非关系型数据库也称 NoSQL，是指非关系型的、分布式的，是为了解决海量无规则数据存储问题，一般不保证遵循事务原则的数据存储系统。

　　非关系型数据库以键值对存储，且结构不固定，每个元组可以有不一样的字段，可以根据需要添加键值对，适合存储一些较为简单的数据，在存储时节省存储空间，存取时速度快。目前，主要的非关系型数据库有 Redis、MongoDB、Memcached、Microsoft Azure Cosmos DB 和 Hazelcast 等。

1.3　MySQL 的安装与配置

1.3.1　MySQL 安装准备

　　首先从 MySQL 官网上下载 MySQL 的安装包，如图 1.1 所示。(MySQL 官网地址为 https://dev.mysql.com/downloads/mysql/)

　　根据图 1.1 选择好 1 处后单击 2 处进入 Windows 安装包的下载页面，如图 1.2 所示。

图 1.1　MySQL 下载界面

图 1.2　下载包页面

图 1.2 中有两个下载包,一个是安装引导包,另一个是压缩安装包,可选择第二个链接"压缩安装包"。单击 Download 进入图 1.3 页面。

图 1.3　MySQL Community Downloads 页面

选择不登录下载，即单击图 1.3 所示"No thanks, just start my download."进行软件下载。

1.3.2 MySQL 安装与配置

(1)双击安装文件 mysql installer community 8.0.20.0.msi，出现安装向导界面，如图 1.4 所示。

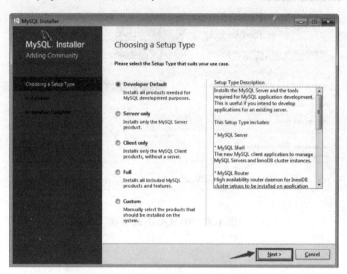

图 1.4 安装向导界面

(2)进入 MySQL 安装界面，在该界面中选择安装类型，包括"Developer Default"(默认)、"Server only"(只安装服务)、"Client only"(只安装客户)、"Full"(完全安装)和"Custom"(用户自定义)5 种安装模式。

Developer Default 表示安装 MySQL 开发需要的所有组件，默认安装到 C:\Program Files\MySQL 文件夹下。

Server only 表示只安装 MySQL 服务器组件，只提供数据库服务，不适合开发使用。

Client only 表示只安装客户端组件，不安装 MySQL 服务器，需要连接 MySQL 服务器，不能独立使用。

Full 表示会安装 MySQL 数据库包含的所有组件，这种安装模式会占用较大的磁盘空间。

Custom 表示用户可以选择需要的安装组件，也可以根据用户需要更改默认安装路径。

选择默认的 Developer Default 安装模式，单击 Next 按钮，转到图 1.5 所示页面。

在安装 MySQL 时，系统检测需要的组件，单击"Execute"按钮

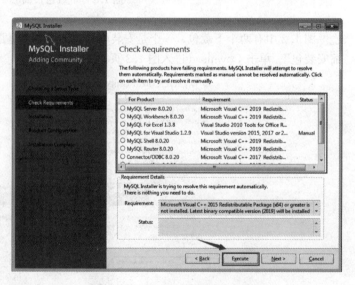

图 1.5 Check Requirements 页面

安装，安装相关组件。

在图 1.6 所示页面选择"我同意许可条款和条件"复选框，然后单击"安装"按钮，安装相关许可条款。

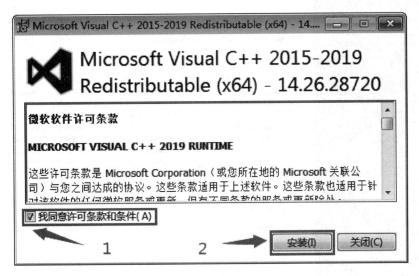

图 1.6　同意许可条款和条件

在图 1.7 所示页面选择软件许可协议，单击 Install 按钮，安装相关工具。

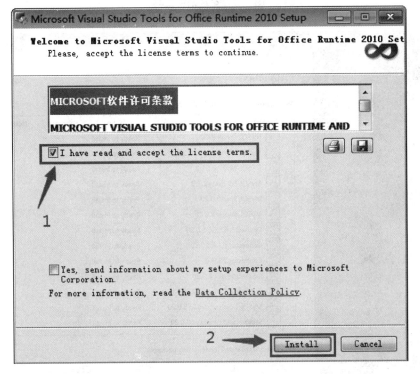

图 1.7　选择软件许可协议

如图 1.8 所示，相关工具安装完成之后单击 Next 按钮，会弹出对话框，如图 1.9 所示。

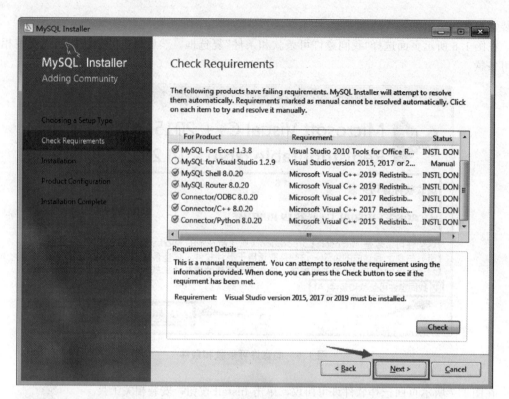

图1.8　安装相关工具

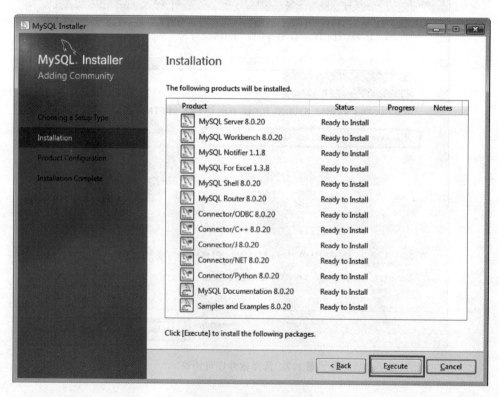

图1.9　安装软件包

单击 Execute 按钮，安装相关软件包，安装后如图 1.10 所示。

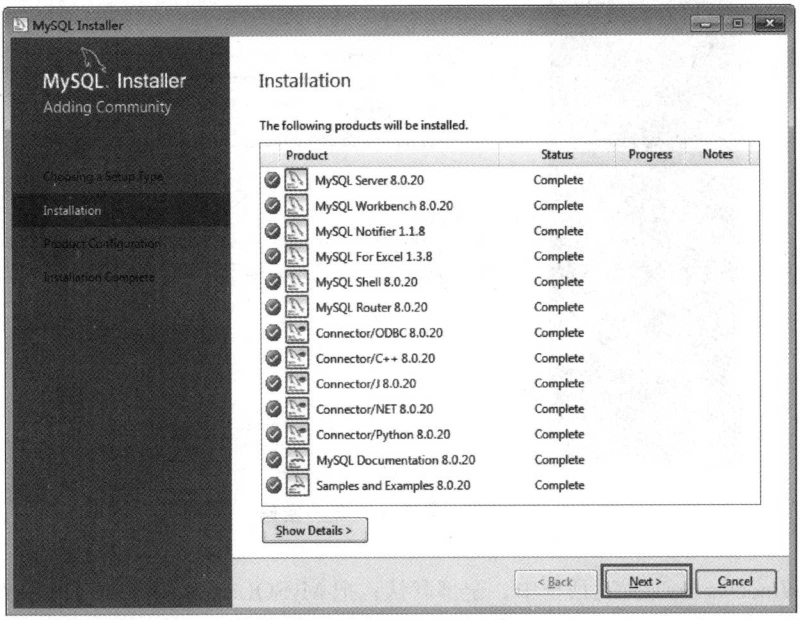

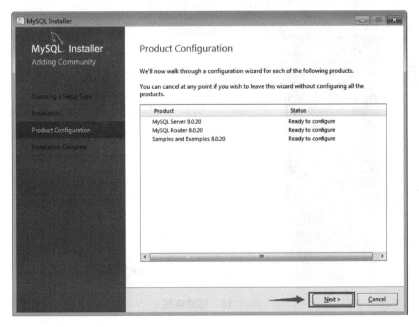

图 1.10　软件包安装完成

单击 Next 按钮，进入 MySQL 产品配置对话框，如图 1.11 所示。

图 1.11　产品配置

在 High Availability、Type and Networking、Authentication Method 对话框中都不需要更改，连续单击 Next 按钮，进入 Accounts and Roles"账户角色配置"对话框，设置 root 账户密码，如图 1.12 所示。

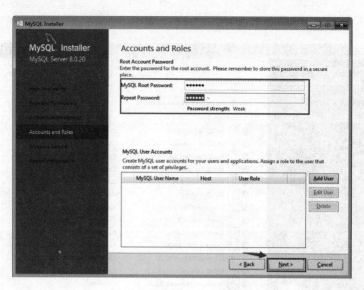

图 1.12　设置 root 账户密码

然后在 Windows Service 对话框中，全部默认；把 MySQL 作为 Windows 的服务，服务名为 MySQL80，选择"标准系统账户"，然后单击 Next 按钮，进入 Apply Configuration 对话框，单击 Execute 按钮，完成配置，单击 Finish 按钮，完成安装。

安装后进行相关测试。

输入 root 用户密码，测试连接是否成功，如图 1.13 所示。

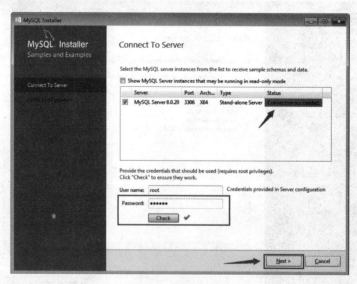

图 1.13　测试连接

1.3.3　MySQL 管理工具介绍

系统自带命令行管理工具和图形管理工具 MySQL Workbench。命令行管理工具：
输入 root 用户密码后，进入系统，如图 1.14 所示。

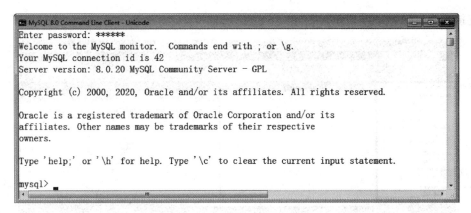

图 1.14　命令行管理工具

管理工具 MySQL Workbench，是用来写 Mysql 脚本的一个 IDE 编辑器，如图 1.15 所示。

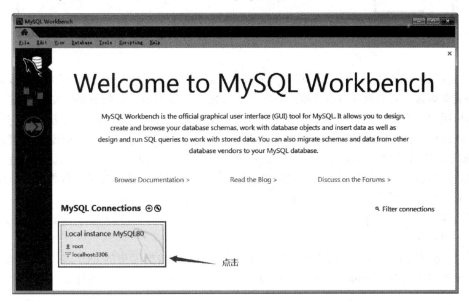

图 1.15　MySQL Workbench

单击"Local instance MySQL80"，输入"root"用户密码，连接 MySQL 服务，如图 1.16 所示。

图 1.16　输入密码

连接成功后如图 1.17 所示。

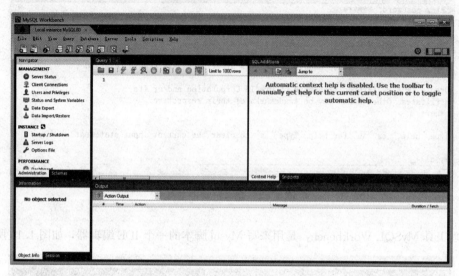

图 1.17　连接成功

　　Navicat 是一套快速、可靠且价格相宜的数据库管理工具，专为简化数据库的管理及降低系统管理成本而设。它的设计符合数据库管理员、开发人员及中小企业的需要。Navicat 是以直觉化的图形用户界面而建的，可以安全并且简单的方式创建、组织、访问并共用信息。它可以用来对本机或远程的 MySQL、SQL Server、SQLite、Oracle 及 PostgreSQL 数据库进行管理及开发。Navicat 适用于 Microsoft Windows、Mac OS X 及 Linux 三种平台。它可以让用户连接到任何本机或远程服务器，提供一些实用的数据库工具如数据模型、数据传输、数据同步、结构同步、导入、导出、备份、还原、报表创建工具及计划以协助管理数据。

　　MySQL8 安装后，通过 Navicat 连接 MySQL 出现 2059 authentication plugin. caching_sha2_password 问题。

　　通过 MySQL 自带的命令行工具进入系统，查看 mysql 数据库中的 user 表，发现 root 用户的 plugin 字段类型为"caching_sha2_password"，authentication_string 内容是乱码，如图 1.18 所示。

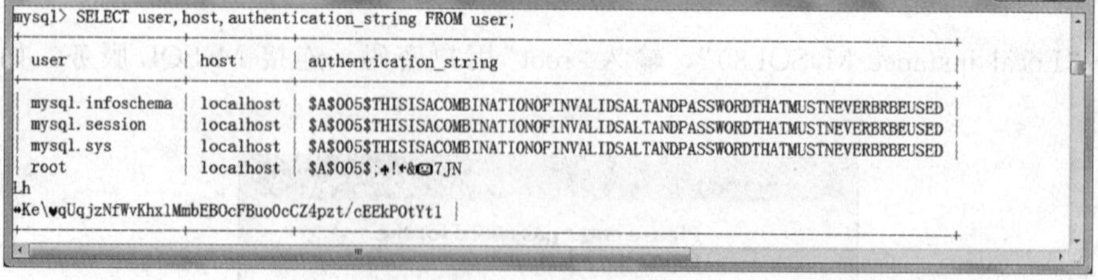

图 1.18　查看 user 表

　　更改 root 用户的 plugin 类型为 mysql_native_password，密码为"123456"。命令如下：
ALTER USER 'root'@'localhost' IDENTIFIED WITH mysql_native_password BY '123456';

　　然后打开 Navicat，连接测试，成功，如图 1.19 所示。

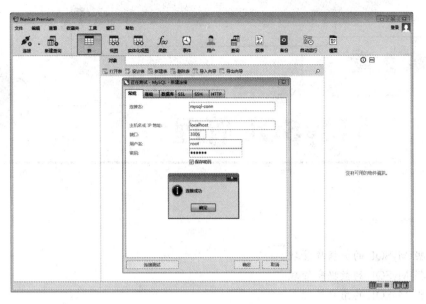

图 1.19 连接测试成功

在一台已装有 Windows 操作系统的计算机上安装 MySQL，然后进行配置。

用 MySQL 系统自带的 Command Line Client 工具登录测试。

MySQL 管理工具 Navicat 连接测试，连接时如果出现密码错误，如何更正？

第 2 章

MySQL 管理

教学目标

1. 掌握 MySQL 的数据库管理。
2. 掌握 MySQL 的数据表管理。
3. 掌握 MySQL 的用户管理。
4. 了解 MySQL 默认数据库。

学习导航

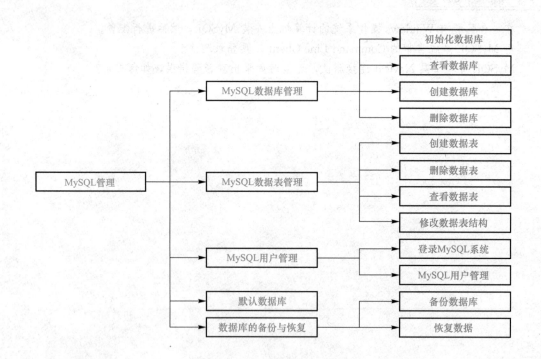

2.1 MySQL 数据库管理

2.1.1 初始化数据库

安装数据库之后，查看 Windows 服务窗口，启动 MySQL 服务，如图 2.1 所示。

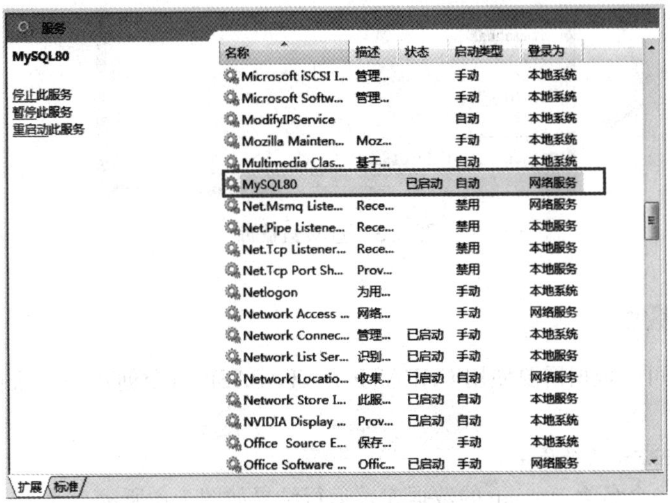

图 2.1 启动 MySQL 服务

确认"MySQL80"服务已启动后，打开"开始"菜单，启动 MySQL 系统自带命令行管理工具，输入 root 用户密码（MySQL 安装时输入的）。

或者按"Windows+R"组合键，即可打开"运行"对话框，在该对话框中输入"cmd"，并按 Enter 键，打开命令行程序，输出命令"mysql-uroot-p"，根据提示输入 root 密码，如图 2.2 所示。

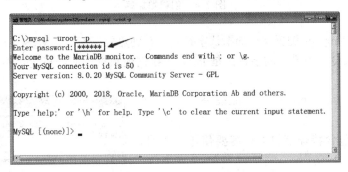

图 2.2 打开命令行程序

2.1.2 查看数据库

进入系统后，可以使用 SHOW 命令查看 MySQL 中有哪些数据库，查看数据库的语法格式如下：

"SHOW DATABASES",如图 2.3 所示。

图 2.3　查看数据库

2.1.3　创建数据库

进入系统后,可以根据需要使用 CREATE DATABASE 命令创建一个数据库,创建数据库的语法格式如下:

CREATE DATABASE 数据库名;

例 2.1　创建一个名为 stuman 的数据库,运行结果如图 2.4 所示。

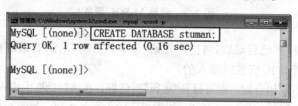

图 2.4　创建数据库

如果没有修改 my.ini 配置文件的默认字符集,在创建数据库时,MySQL8.0 默认的字符集是 utf8 mb4,MySQL5.0 默认的字符集是 latin1,在创建数据库时,指定字符集,其语法格式如下:

CREATE DATABASE db_name character set '字符集';

数据库名中包含特殊字符时,需要使用反引号,如图 2.5 所示。

图 2.5　包含特殊字符

CREATE DATABASE \`db_name\`;

MySQL \ data 目录下将自动生成一个对应名称的目录。

2.1.4　显示数据库创建信息

可以根据需要使用 SHOW CREATE DATABASE 命令显示数据库创建信息,通常用来查看数据库使用的字符编码,语法格式如下:

SHOW CREATE DATABASE 数据库名；

例 2.2 显示数据库 sys 的创建信息，可知数据库 sys 默认的字符编码为 utf8mb4，运行结果如图 2.6 所示。

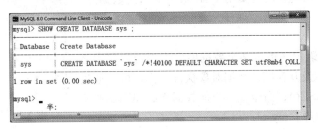

图 2.6 显示数据库创建信息

2.1.5 删除数据库

进入系统后，可以使用 DROP DATABASE 命令删除数据库，语法格式如下：

DROP DATABASE 数据库名；

例如，想要删除名字为 stuman 的数据库，命令为

DROP DATABASE stuman;

删除数据库是将已经存在的数据库从磁盘空间上清除，清除之后，数据库中的所有数据也将一同被删除。删除数据库时也删除数据库中的所有表，所以，使用此语句时要非常小心，以免错误删除。

删除数据库的命令通常的语法格式如下：

DROP DATABASE [IF EXISTS] 数据库名；

IF EXISTS 是可选项，用于防止当数据库不存在时发生错误。

如果删除的数据库 stuman 不存在，使用 DROP DATABASE stuman；删除数据时会出现错误，如图 2.7 所示。

图 2.7 删除的数据库不存在

为了避免删除不存在的数据库时发生错误，使用"DROP DATABASE IF EXISTS stuman"；删除数据库，如图 2.8 所示。

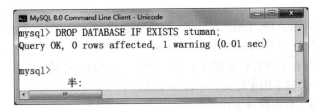

图 2.8 避免错误发生

2.1.6 选择数据库

在进入 MySQL 系统后，需要用 USE 来指定当前数据库。其语法格式如下：

USE 数据库名；

只有使用 USE 语句来指定某个数据库作为当前数据库之后，才能对该数据库及其存储的数据对象执行操作。可以通过"SELECT DATABASE();"命令显示当前数据库。如图 2.9 所示，当前使用的数据库：mysql。

图 2.9 显示当前数据库

2.2 MySQL 数据表管理

MySQL 中的每一个数据库相当于一个容器，里面包含各种数据对象，如数据表、视图、索引、存储过程、触发器等。数据表是数据库的重要组成部分，每一个数据库都包含若干个数据表。

数据表是用来存储和操作数据的一种逻辑结构。数据表由行和列组成，有时也称为二维表，如学生信息表，见表 2.1。

表 2.1 学生信息表

学号	姓名	性别	出生日期	专业
180501	刘洪翰	男	2002－02－10	网络技术
180502	宋玉辰	男	2002－04－06	网络技术
180503	王双	女	2001－12－05	网络技术
180601	张东升	男	2002－01－29	移动应用开发
180602	李玉	女	2002－03－20	移动应用开发

每一个数据表都有一个名字，如"学生基本信息表"，称为"数据表名"，简称"表名"；表的第一行为每一列的标题，称为"字段名"；其余各行都是数据。数据的每一行称为"记录"，如学生信息表有 5 条记录。数据表的每一列称为"字段"，每一个字段数据类型都相同。数据库的数据文件存放在 MySQL 的 data 目录下，每个数据库对应一个目录，数据表文件存储在数据库目录中，在 MySQL 5.0 中每个数据表对应三个文件，分别是".frm"".myd"和".myi"类型文件，而在 MySQL8.0 中每个数据表只有一个文件，即".ibd"。

2.2.1 创建数据表

创建数据表使用 CREATE TABLE 语句。以下为创建 MySQL 数据表的 SQL 通用语法：

CREATE TABLE 表名 (字段名 类型 (长度) [约束]，字段名 类型 (长度) [约束]，…)；

其中，字段的类型在本教程后面章节中详细介绍，MySQL 常用的约束如下：

PRIMARY KEY 关键字用于定义该字段为主键；

NOT NULL 在输入数据时该字段不能为空；

AUTO_INCREMENT 定义字段为自增的属性，一般用于主键，数值会自动加 1。

在创建数据表之前,应使用语句"USE 数据库"指定操作在哪个数据库中进行。

例 2.3 在 xsgl 数据库中分别建立"学生信息"表 xsxx、"课程信息"表 kcxx、"成绩信息"表 cjxx,见表 2.2~表 2.4。

表 2.2 "学生信息"表

字段名	数据类型	长度	是否允许为空值	默认值	说明
xh	定长字符型(CHAR)	8	×	无	学号(主键)
xm	可变长字符型(VARCHAR)	20	×	无	学生姓名
xb	定长字符型(CHAR)	2	√	无	性别
csrq	日期型(DATE)	3	√	无	出生日期
zy	可变长字符型(VARCHAR)	50	√	无	专业

表 2.3 "课程信息"表

字段名	数据类型	长度	是否允许为空值	默认值	说明
kch	定长字符型(CHAR)	4	×	无	课程编号(主键)
kcm	可变长字符型(VARCHAR)	20	×	无	课程名称
kkxq	TINYINT	1	√	无	开课学期
xs	INT	4	√	无	学时

表 2.4 "成绩信息"表

字段名	数据类型	长度	是否允许为空值	默认值	说明
xh	定长字符型(CHAR)	8	×	无	学生编号(主键)
kch	定长字符型(CHAR)	4	×	无	课程编号(主键)
cj	INT	4	√	0	成绩

操作如下:
建立"学生信息"表 xsxx:

```
CREATE TABLE xsxx
(
    xh CHAR(8)PRIMARY KEY COMMENT '学号',
    xm VARCHAR(20) NOT NULL COMMENT '姓名',
    xb CHAR(2)COMMENT '性别',
    csrq DATE COMMENT '出生日期',
    zy VARCHAR(50) COMMENT '专业'
)ENGINE=INNODB DEFAULT CHARSET=utf8;
```

查看表结构用"DESC"表名;若查看表详细信息包括注释信息需要查询数据库 information_schema 中的 columns 表。例如,查看"学生信息"表的结构及注释:

```
SELECT COLUMN_NAME, COLUMN_TYPE, COLUMN_KEY, COLUMN_COMMENT
        FROM information_schema.columns
        WHERE table_schema='test'# 表所在数据库
        AND table_name='xsxx'; # 要查的表
```

查询结果：

COLUMN_NAME	COLUMN_TYPE	COLUMN_KEY	COLUMN_COMMENT
csrq	date		出生日期
xb	char(2)		性别
xh	char(8)	PRI	学号
xm	varchar(20)		姓名
zy	varchar(50)		专业

查看表的存储引擎，需要查询数据库 information_schema 中的 tables 表。例如，查看数据库 test 中的 xsxx 表的存储引擎：

SELECT TABLE_SCHEMA, TABLE_NAME, ENGINE
　　FROM information_schema.tables
　　　　WHERE table_schema='test' and table_name='xsxx';

查询结果：

TABLE_SCHEMA	TABLE_NAME	ENGINE
test	xsxx	InnoDB

ENGINE 设置存储引擎，CHARSET 设置编码。MySQL8.0 以后存储引擎默认为 InnoDB，字符编码默认为 utf8，所以在建表时可省略。MySQL 数据库的存储引擎有 INNODB、MYISAM、MEMORY、ARCHIVE 4 个。常用的存储引擎是 INNODB、MYISAM。

INNODB 支持事物，而 MYISAM 不支持事物；INNODB 支持行级锁，而 MYISAM 支持表级锁；INNODB 支持 MVCC，而 MYISAM 不支持；INNODB 支持外键，而 MYISAM 不支持；MYISAM 支持全文索引，而 INNODB 不支持。INNODB 提供提交、回滚、崩溃恢复能力的事务安全(ASID)能力，实现并发控制。MYISAM 提供较高的插入和查询记录的效率，主要用于插入和查询。MEMORY 用于临时存放数据，数据量不大并且不需要较高数据安全性。ARCHIVE:如果只有插入和查询可以用，支持高并发的插入操作，但本身不是事务安全。在执行查询统计时，MYISAM 更快，因为 MYISAM 内部维护了一个计数器，可以直接调取。

建立"课程信息"表 kcxx：
CREATE TABLE kcxx
(
　　kch CHAR(4) PRIMARY KEY,
　　kcm VARCHAR(20) NOT NULL,
　　kkxq TINYINT,
　　xs INT
) ENGINE=INNODB DEFAULT CHARSET=utf8;

建立"成绩信息"表 cjxx：
CREATE TABLE cjxx
(
　　xh CHAR(8),
　　kch CHAR(4),

```
    cj INT,
    PRIMARY KEY(xh, kch)
)ENGINE=INNODB DEFAULT CHARSET=utf8;
```

说明：在"成绩信息"表中，每个成绩是由学号和课程号两个字段决定的，所以，在该表中的关键字为 xh 和 kch 两个字段，关键字 PRIMARY KEY 不能写在字段 xh 后，也不能写在 kch 后，所以只能以 PRIMARY KEY(xh，kch)的形式存在，即复合关键字。

查看 cjxx 表结构：

```
DESC cjxx;
```

结果为

```
xh   char(8)   NO   PRI
kch  char(4)   NO   PRI
cj   int             YES
```

发现 xh 和 kch 的 key 标识都为 PRI，表示表中的每个记录都是由 xh 和 kch 共同决定的。

AUTO_INCREMENT：在建立表时，经常要用到唯一编号，MySQL 有一个定义列为自增的属性，常用的类型是整型，默认从 1 开始。

建立"用户信息"表 userinfo，用户编号 userid 类型 INT，AUTO_INCREMENT 为自动增长属性，常与 PRIMARY KEY 配合使用。

```
CREATE TABLE userinfo
(
userid INT PRIMARY KEY AUTO_INCREMENT,
username VARCHAR(20) NOT NULL
);
```

添加记录：

```
insert into userinfo(username)values('Admin');
```

结果为

1 Admin

当插入记录时，如果为 AUTO_INCREMENT 字段明确指定了一个数值，则会出现两种情况：

(1)如果插入的值与已有的编号重复，则会出现出错信息，因为 AUTO_INCREMENT 数据列的值必须是唯一的；

(2)如果插入的值大于已编号的值，则会把该值插入到数据列中，并在下一个编号将从这个新值开始递增。

可用"ALTER TABLE 表名 AUTO_INCREMENT=n"命令来重设自增的起始值。如果设置的 n 比目前的数值小，则执行的 sql 不会报错，但是不会生效。

使 AUTO_INCREMENT 重新计数：

若要重新计数，先删除表中的数据，然后执行：ALTER TABLE 表名 AUTO_INCREMENT=1;。

还有一种创建数据表的方法，将一个查询结果创建数据表，这种方法不仅创建了一个数据表，还将查询到的数据同时插入到数据表中，能够起到备份数据的作用，在数据库管理时经常使用，命令的语法格式如下：

```
CREATE TABLE 表名 SELECT 查询;
```

在建立数据表时，若该数据表已经存在，则 SQL 语句提示数据表已经存在错误，有时为了

避免错误发生，则采用 IF NOT EXISTS 关键字，建立表的命令为

CREATE TABLE IF NOT EXISTS 表名(字段名类型(长度)[约束]，字段名类型(长度)[约束]，……)；

若表不存在，则建立新表，若存在则不建立，使用命令能够正常执行，不提示错误。

2.2.2 删除数据表

删除 MySQL 数据表的通用语法："DROP TABLE 表名;"。删除数据表时，应确定数据表所在的数据库，先使用 USE 语句将其设置为当前数据库，然后使用 DROP 语句删除数据库中的数据表。

例 2.4 删除 xsgl 数据库中的 xsxx 数据表，使用命令为

USE xsgl;
DROP TABLE xsxx;

若不使用 USE 语句设置 xsgl 为当前数据库，也可用"DROP TABLE xsgl.xsxx;"命令将其删除。

也可以同时删除多个数据表，在清除临时数据表时非常方便，管理数据库时经常使用，语法格式如下：

DROP TABLE 表名1，表名2，……；

在删除数据表时，若该数据表不存在，则 SQL 语句出错，为了避免错误发生，则采用 IF EXISTS 关键字，删除数据表的命令为

DROP TABLE IF EXISTS 表名;

若表存在，则删除数据表，若不存在则不删除，使用命令能够正常执行，不提示错误。

2.2.3 查看数据表

进入当前数据库后，使用"SHOW TABLES"语句查看该数据库中包含哪些数据表，语法格式为

SHOW TABLES;

例 2.5 查看 world 数据库中包含哪些数据表，操作如图 2.10 所示。

如果在当前的数据库中，数据表很多，在查看数据表时可以指定条件，如查看 mysql 数据库中以字符 time 开头的数据表，命令为：

SHOW TABLES LIKE 'time%';

LIKE 后面的%是通配符，表示任意 0 个或多个字符。可匹配任意类型和长度的字符。类似的通配符还有 _，表示任意单个字符，匹配单个任意字符。

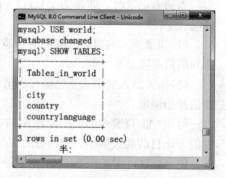

图 2.10 例 2.5 操作

2.2.4 查看创建数据表信息

进入当前数据库后，可使用"SHOW CREATE TABLE"命令查看某数据表创建时的信息。例如，查看 xsgl 数据库中的 xsxx 表创建时的信息，使用"USE xsgl;"命令进入数据库，然后使用"SHOW CREATE TABLE xsxx"查看，如图 2.11 所示。

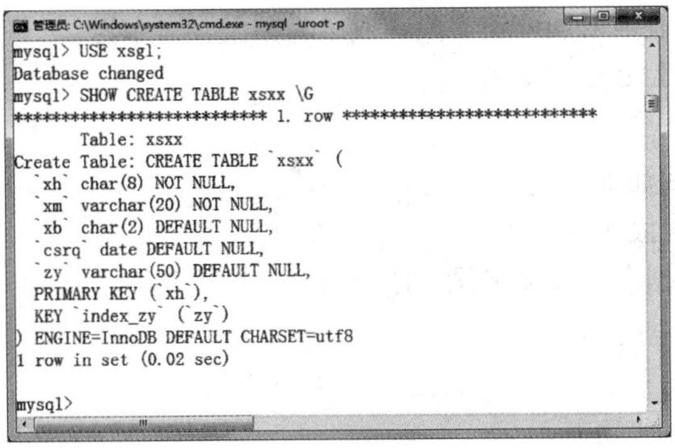

图 2.11 查看创建数据表信息

也可不进入 xsgl 数据库中直接使用"数据库名.表名"进行查看，格式如下：
SHOW CREATE TABLE xsgl.xsxx \G

2.2.5 查看数据表结构

可使用 DESCRIBE 语句查看某个数据表的具体结构，并查看该表中各个字段的具体信息，DESCRIBE 命令可简写为 DESC。

例 2.6 查看 xsgl 数据库中的 xsxx 表的具体结构和字段信息的语句为

DESC xsgl.xsxx;

操作如图 2.12 所示。

如果使用 USE 命令进入 xsgl 数据库中，可以直接使用"DESC xsxx;"命令查看表结构。查看表结构信息包括字段名、字段类型、是否为非空、关键字、默认值等信息。

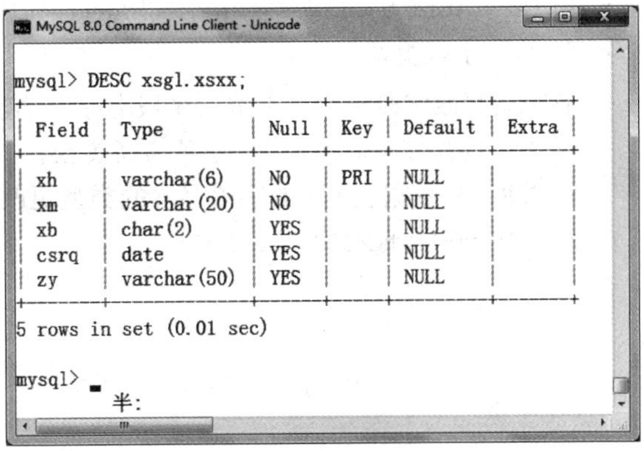

图 2.12 查看数据表结构

2.2.6 修改数据表结构

若建立完数据表后需要对数据表的名称、字段名、字段类型等信息进行修改，可使用 ALTER TABLE 命令完成。

1. 修改数据表名称

修改数据表名称的语法格式如下：
ALTER TABLE 原表名 RENAME 新表名;
例如，将 xsxx 数据表更名为 stuinfo，命令为
ALTER TABLE xsxx RENAME stuinfo;
更改数据表名也可使用下面命令完成：
RENAME TABLE 原表名 TO 新表名;

2. 增加字段

向数据表中增加字段的语法格式如下：
ALTER TABLE 表名 ADD 字段名 字段类型;

例如，向 xsxx 数据表中增加成绩字段，成绩为整型，命令为

ALTER TABLE xsxx ADD cj INT;

3. 删除字段

删除字段的语法格式如下：

ALTER TABLE 表名 DROP 字段名;

例如，删除 xsxx 数据表中成绩字段，命令为

ALTER TABLE xsxx DROP cj;

4. 修改字段名

修改字段名的语法格式如下：

ALTER TABLE 表名 CHANGE 原字段名 新字段名 新数据类型;

例 2.7 将 xsxx 数据表中学号字段名由 xh 改为 stuno，类型由 VARCHAR(6)改为 CHAR(6)，命令为

ALTER TABLE xsxx CHANGE xh stuno CHAR(6);

该命令还可以修改字段编码，例如将数据表 t 中的字段 a 的字符编码修改为 utf8，命令如下：

ALTER TABLE t CHANGE a a VARCHAR(10)CHARACTERSET utf8;

5. 修改字段类型

有时只修改字段类型，不修改字段名字，语法格式如下：

ALTER TABLE 表名 MODIFY 字段名新类型;

例 2.8 将数据表 t 中的字段名 a 的类型更改为 INT 型，命令为

ALTER TABLE t MODIFY a INT;

2.3 MySQL 用户管理

　　数据库中保存很多重要的数据，为了保证这些数据的操作安全，MySQL 有一整套严格的用户管理机制。数据库管理系统必须保证数据安全，其中包括数据存储安全、数据传输安全、数据访问安全。系统定义不同的用户角色，并且赋予不同的数据访问操作权限。为了确保每一个访问数据库的请求，系统定义了不同角色的用户，每个用户都是合法授权的。MySQL 用户是一个针对系统服务的虚拟用户，用户名是公开的，密码只有授权用户才可以得到，密码使用 MySQL 自己的加密函数进行加密，默认是 PASSWORD 函数。用户的格式：用户名@主机，只有通过对应的主机、用户名和密码才能登录 MySQL 系统。

　　MySQL 安装后，系统默认创建一个 root 用户，它是一个 MySQL 系统的超级用户，具有管理数据库对象的一切权限。但在管理数据系统时，由于 root 用户权限太大，影响系统的安全性。需要创建一些普通用户，来授予相应的权限管理数据库。

　　在 MySQL 系统中有一个名字为 mysql 的数据库，在该数据库中有一些表来维护系统的权限，如 user、tables_priv、db、host 表等，MySQL 系统启动时读取这些表中的数据，对系统中的用户进行授权。

2.3.1 登录 MySQL 系统

　　MySQL 是基于 C/S 架构，必须在客户端通过终端窗口，连接 MySQL 服务器，进行操作，

登录命令的格式：mysql-h host-u user -p。

host 表示登录的主机名或主机 IP 地址，若在本机上登录，可省略。

user 表示 MySQL 系统中的合法用户，可以是 root，也可能是其他普通用户。

执行该命令后，输入密码，成功登录系统，如图 2.13 所示。

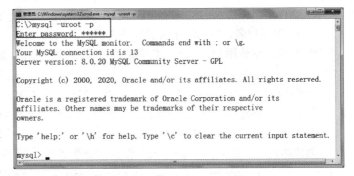

图 2.13　登录 MySQL 系统

2.3.2　用户管理

1. 设置更改用户密码

为了保证 MySQL 数据库系统安全，首先登录系统时，需要更改用户密码。更改用户密码通常有下面两种方法。

(1)在系统终端窗口中，不进入 MySQL 系统中，使用"mysqladmin"命令更改密码，命令的格式如下：

`mysqladmin-u用户名-p password 新密码`

在使用该命令时，系统提示"Enter password："，然后输入原来 root 用户密码，如图 2.14 所示。

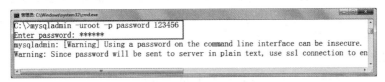

图 2.14　更改用户密码

如果原来 root 用户没有密码，更改密码命令为

`mysqladmin-u用户名 password 新密码`

(2)进入 MySQL 系统中，使用 MySQL 提供的语句来设置或更改密码，语法格式如下：

`SET PASSWORD FOR '用户名'@'主机'= PASSWORD('新密码');`

例如：

`SET PASSWORD FOR 'stu'@'localhost'= PASSWORD('123456');`

表示把主机为本机的用户 stu 密码更改为 123456。

2. 创建用户

使用 CREATE USER 语句进行创建用户，语句格式如下：

`CREATE USER '用户名'@'主机' IDENTIFIED BY'密码';`

用户名表示新创建的用户，主机表示该用户可以登录的主机，若为本地用户，主机可以使用 localhost，主机名可以使用 IP 地址。如果想让该用户在任意主机上登录，主机名可以使用通配符%，IDENTIFIED BY 后面为用户登录的密码。

例 2.9　创建用户 user1，并使用户只能在本机登录，密码为 123，该命令的语法格式为

```
CREATE USER 'user1'@'localhost' IDENTIFIED BY '123';
```

user1 为用户名，localhost 表示登录主机，密码为 123。

例 2.10 创建用户 user2，使其能够在 IP 地址为 192.168.10.100 的主机上登录，密码为 123，该命令的语法格式为

```
CREATE USER 'user2'@'192.168.10.100' IDENTIFIED BY '123';
```

例 2.11 创建用户 user3，使其能够在任意主机上无密码登录，该命令的语法格式为

```
CREATE USER 'user3'@'%' IDENTIFIED BY '';
```

创建的用户可在 mysql.user 表中查看，命令如图 2.15 所示。

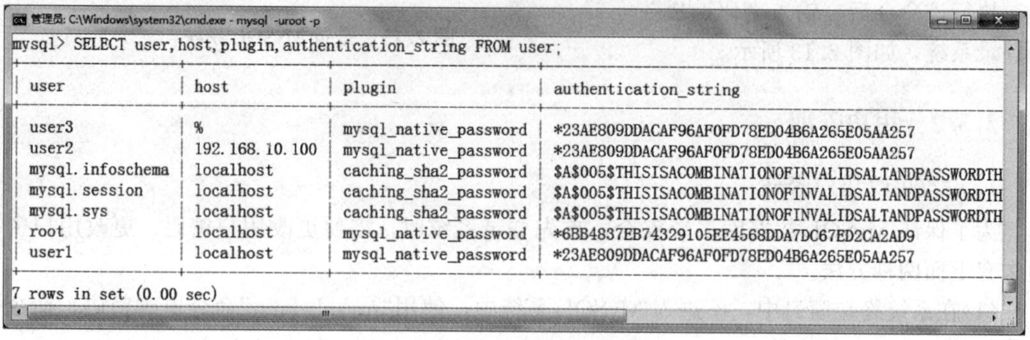

```
管理员: C:\Windows\system32\cmd.exe - mysql -uroot -p
mysql> SELECT user,host,plugin,authentication_string FROM user;
+------------------+----------------+-----------------------+------------------------------------------+
| user             | host           | plugin                | authentication_string
+------------------+----------------+-----------------------+------------------------------------------+
| user3            | %              | mysql_native_password | *23AE809DDACAF96AF0FD78ED04B6A265E05AA257
| user2            | 192.168.10.100 | mysql_native_password | *23AE809DDACAF96AF0FD78ED04B6A265E05AA257
| mysql.infoschema | localhost      | caching_sha2_password | $A$005$THISISACOMBINATIONOFINVALIDSALTANDPASSWORDTH
| mysql.session    | localhost      | caching_sha2_password | $A$005$THISISACOMBINATIONOFINVALIDSALTANDPASSWORDTH
| mysql.sys        | localhost      | caching_sha2_password | $A$005$THISISACOMBINATIONOFINVALIDSALTANDPASSWORDTH
| root             | localhost      | mysql_native_password | *6BB4837EB74329105EE4568DDA7DC67ED2CA2AD9
| user1            | localhost      | mysql_native_password | *23AE809DDACAF96AF0FD78ED04B6A265E05AA257
+------------------+----------------+-----------------------+------------------------------------------+
7 rows in set (0.00 sec)
```

图 2.15 查看创建的用户

刚建立的用户的 plugin 字段类型为“caching_sha2_password”，authentication_string 内容是乱码，该用户只能在系统终端窗口登录，不能使用管理工具 Navicat 登录，只有将其 plugin 字段类型更改为“mysql_native_password”，才能在 Navicat 上登录，更改方法见 1.3.3 MySQL 管理工具介绍。

3. 删除用户

使用 DROP USER 语句进行删除用户，语句格式如下：

```
DROP USER '用户名1'@'主机1'[,'用户名2'@'主机2']…;
```

例 2.12 删除本地主机用户 user1，该命令的语法格式为

```
DROP USER 'user1'@'localhost';
```

使用 DROP USER 语句应该注意以下几点：

DROP USER 语句可用于删除一个或多个 MySQL 账户，并撤销其原有权限。

在 DROP USER 语句的使用中，若主机名为“%”，删除时可以省略主机名。

例 2.13 删除用户名为 user3，主机名为“%”的用户的语法格式为

```
DROP USER user3;
```

使用 DROP USER 语句必须拥有 MySQL 中的 MySQL 数据库的 DELETE 权限或全局 CREATE USER 权限。

4. 授予用户权限

登录到 MySQL 系统中的用户要完成某种操作需要有用户权限，对于普通用户而言，用户权限为 SELECT、INSERT、DELETE、UPDATE 等。只有对用户授予某种权限，才能完成该权限对应的操作，如想删除数据表中的记录，需要授予 DELETE 权限才能完成此操作。

MySQL 使用 GRANT 语句对用户授权，语句格式如下：

```
GRANT 权限 ON 数据库名.数据表名 TO'用户名'@'主机名';
```

例 2.14 授权用户 user1 在本地主机上对 test 数据库中的 xsxx 表拥有 SELECT 权限，该命令的语法格式如下：

```
GRANT SELECT ON test.xsxx TO'user1'@'localhost';
```

例 2.15 授权用户 user2 在所有登录主机上对 test 数据库中的 xsxx 表拥有 SELECT、INSERT 和 UPDATE 权限，该命令的语法格式为

```
GRANT SELECT, INSERT, UPDATE ON test.xsxx TO'user2'@'%';
```

对于数据库开发人员，可以授予创建、修改、删除 MySQL 数据表结构权限，对应的权限为 CREATE、ALTER、DROP 等权限。

例 2.16 授权用户 user1 在本地主机上对 test 数据库拥有 CREATE 权限，该命令的语法格式为

```
GRANT CREATE ON test.xsxx TO'user1'@'localhost';
```

若授予所有权限，权限为 ALL，若权限授予数据库中的所有数据表，数据库对象的格式为数据库名.*，若权限授予所有数据库中的所有表，数据库对象的格式为：*.*。

例 2.17 授权用户 admin 在任何登录主机上对所有数据库中的所有数据表拥有所有权限，该命令的语法格式为

```
GRANT ALL ON *.* TO 'admin'@'%';
```

该授权使用时需谨慎，除非用户 admin 为数据库的高级管理员，否则不应该授予这样高的权限，使数据库管理存在安全隐患。

用户授权后，可在 mysql 数据库中的 tables_priv 数据表中查看。

5. 回收用户权限

使用 REVOKE 语句对用户权限进行回收，语句格式如下：

```
REVOKE 权限 ON 数据库名.数据表 FROM'用户名'@'主机名';
```

例 2.18 回收用户 user1 在本地主机上对 test 数据库中的 xsxx 表的 SELECT 权限，该命令的语法格式为

```
REVOKE SELECT ON test.xsxx FROM'user1'@'localhost';
```

2.3.3 配置文件 my.ini

在 MySQL 系统中有一个非常重要的文件 my.ini，它是 MySQL 数据库中使用的配置文件，修改这个文件可以达到更新配置的目的。

在 MySQL8.0 中，my.ini 文件的位置为 X:\ProgramData\MySQL\MySQL Server8.0，X 为安装 MySQL 时的盘符。

说明：如果对 my.ini 文件进行修改，修改之后不要直接保存，应在记事本里单击"另存为"，编码选择为 ANSI 编码格式，否则 MySQL 不能正常启动。

下面对 my.ini 的主要功能进行介绍。

设置 MySQL 系统的默认端口号：3306。

```
port=3306
```

设置 MySQL 系统默认的安装目录：

```
basedir=C:/Program Files/MySQL/MySQL Server8.0/
```

设置 MySQL 数据库的数据存放目录：

```
datadir=C:/ProgramData/MySQL/MySQL Server8.0/Data
```

允许最大连接数：

max_connections=151

允许连接失败的次数，这是为了防止有人试图攻击数据库系统：

max_connect_errors=100

服务端使用的默认字符集：

character-set-server=XXX

创建新表时将使用的默认存储引擎：

default-storage-engine=INNODB

设置 mysql 客户端默认字符集：

default-character-set=XXX

举例说明：

MySQL5.0 系统默认字符集是 latin（拉丁），若想能正常显示中文，需要修改如下：

[mysqld]下添加：

character-set-server=utf8

init-connect='\set NAMES utf8'

创建新表时将使用的默认存储引擎 InnoDB。

由于 InnoDB 优于 MYISAM，将创建新表的默认存储引擎由 MYISAM 改为 InnoDB。

MySQL8.0 以后默认存储引擎为 InnoDB，这种存储引擎支持事务处理。

更改方法如下：

将 default-storage-engine=MYISAM 修改为 default-storage-engine=InnoDB

个性化 mysql 提示符：

MySQL 默认提示符是"mysql> "，可以个性化定制，例如："mysql(数据库)> "。

方法一：修改 my.ini 文件，在[mysql]下添加 prompt="mysql(\d)>"后，重新启动服务。

方法二：可以在连接客户端时通过参数指定来修改：

mysql-uroot -p -- prompt 提示符

采用此方法将提示符改为"mysql(数据库)>"的过程如图 2.16 所示。

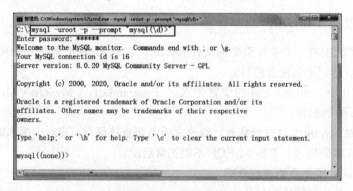

图 2.16　更改提示符

方法三：连接上客户端后，通过 PROMPT 命令修改：

mysql> PROMPT 提示符

mysql> prompt"mysql(\d)> ";

MySQL 常用的系统提示符，见表 2.5。

表 2.5 常用系统提示符

参数	描述
\D	完整的日期
\d	当前数据库
\h	服务器名称
\u	当前用户

2.4 默认数据库

2.4.1 information_schema

在 MySQL 中，information_schema 是信息数据库，保存着关于 MySQL 服务器所维护的所有其他数据库的信息，如数据库名、数据库的表、表中的数据类型与访问权限等。在 information_schema 中，有多个表是只读的。它们不是基本表，实际上是视图。

information_schema 数据库中部分表（视图）说明如下：

SCHEMATA 表：提供了当前 mysql 实例中所有数据库的信息，包括数据库的名称、数据库的默认编码、排序规则等信息，见表 2.6。

表 2.6 SCHEMATA 表

字段	含义
schema_name	数据库名称
default_character_set_name	数据库编码
default_collation_name	数据库排序规则

TABLES 表：提供了关于数据库中的表的信息（包括视图）。详细表述了某个表属于哪个 schema，表类型、表引擎、创建时间等信息，见表 2.7。

表 2.7 TABLES 表

字段	含义
table_catalog	数据表登记目录
table_schema	数据表所属的数据库名
table_name	表名称
table_type	表类型[system view｜base table]
engine	使用的数据库引擎[MyISAM｜CSV｜InnoDB]
version	版本，默认值 10
row_format	行格式[Compact｜Dynamic｜Fixed]
table_rows	表里所存多少行数据
avg_row_length	平均行长度
data_length	数据长度

续表

字段	含义
max_data_length	最大数据长度
index_length	索引长度
data_free	空间碎片
auto_increment	做自增主键的自动增量当前值
create_time	表的创建时间
update_time	表的更新时间
check_time	表的检查时间
table_collation	表的字符校验编码集
checksum	校验和
create_options	创建选项
table_comment	表的注释、备注

COLUMNS 表：提供了表中的列信息。详细表述了表的所有列及每个列的信息。

STATISTICS 表：提供了关于表索引的信息。

USER_PRIVILEGES(用户权限)表：提供了关于全程权限的信息。该信息源自 mysql.user 授权表。

SCHEMA_PRIVILEGES(方案权限)表：提供了关于方案(数据库)权限的信息。该信息来自 mysql.db 授权表。

TABLE_PRIVILEGES(表权限)表：提供了关于表权限的信息。该信息源自 mysql.tables_priv 授权表。

COLUMN_PRIVILEGES(列权限)表：提供了关于列权限的信息。该信息源自 mysql.columns_priv 授权表。

CHARACTER_SETS(字符集)表：提供了 mysql 实例可用字符集的信息。

COLLATIONS 表：提供了关于各字符集的对照信息。

COLLATION_CHARACTER_SET_APPLICABILITY 表：指明了可用于校对的字符集。

TABLE_CONSTRAINTS 表：描述了存在约束的表，以及表的约束类型。

KEY_COLUMN_USAGE 表：描述了具有约束的键列。

ROUTINES 表：提供了关于存储子程序(存储程序和函数)的信息。

VIEWS 表：给出了关于数据库中的视图的信息。

TRIGGERS 表：提供了关于触发程序的信息。

2.4.2 performance_schema

performance_schema 主要用于收集数据库服务器性能参数。它提供了一种在数据库运行时实时检查 server 的内部执行情况的方法。performance_schema 数据库中的表使用 performance_schema 存储引擎。该数据库主要关注数据库运行过程中的性能相关的数据，与 information_schema 不同，Perforemation_schema 主要关注 server 运行过程中的元数据信息。通过监视 server 的事件来实现监视 server 内部运行情况，performance_schema 中的事件记录的是 server 执行某些活动对某些资源的消耗、耗时、这些活动执行的次数等情况。提供进程等待的详细信息，包括锁、互斥变量、文件信息；保存历史的事件汇总信息，为提供 MySQL 服务器性能做出详细的判断；对于新增和删除监控事件点都非常容易，并可以改变 MySQL 服务器的监控周期。通过该库得到数据库运行的统计信息，更好分析定位问题和完善监控信息。

在 MySQL8.0 的 performance_schema 数据库中表数量有 104 个，本教程不做全部介绍，如需要，请查看相关资料。

(1)setup_actors：配置用户纬度的监控，默认监控所有用户。

mysql>SELECT * FROM setup_actors;

HOST	USER	ROLE	ENABLED	HISTORY
%	%	%	YES	YES

(2)setup_objects：配置监控对象，默认对 mysql、performance_schema 和 information_schema 中的事件、函数、存储过程、表、触发器都不监控，而其他 DB 的所有表都监控。下面查看对表的监控情况。

mysql>SELECT * FROM setup_objects WHERE OBJECT_TYPE='TABLE';

OBJECT_TYPE	OBJECT_SCHEMA	OBJECT_NAME	ENABLED	TIMED
TABLE	mysql	%	NO	NO
TABLE	performance_schema	%	NO	NO
TABLE	information_schema	%	NO	NO
TABLE	%	%	YES	YES

(3)file_instances：文件实例，表中记录了系统中打开了文件的对象，包括 FILE_NAME 文件名，EVENT 事件名，OPEN_COUNT 显示当前文件打开的数目。

mysql>SELECT * FROM file_instances LIMIT 2, 5;

FILE_NAME	EVENT_NAME	OPEN_COUNT
C:\ProgramData\MySQL\MySQL Server 8.0\Data\ibdata1	wait/io/file/innodb/innodb_data_file	3
C:\ProgramData\MySQL\MySQL Server 8.0\Data\#ib_16384_0.dblwr	wait/io/file/innodb/innodb_dblwr_file	2
C:\ProgramData\MySQL\MySQL Server 8.0\Data\#ib_16384_1.dblwr	wait/io/file/innodb/innodb_dblwr_file	2
C:\ProgramData\MySQL\MySQL Server 8.0\Data\ib_logfile0	wait/io/file/innodb/innodb_log_file	2
C:\ProgramData\MySQL\MySQL Server 8.0\Data\ib_logfile1	wait/io/file/innodb/innodb_log_file	2

(4)users：记录用户连接数信息。
(5)hosts：记录了主机连接数信息。
(6)accounts：记录了用户主机连接数信息。

2.4.3 mysql

mysql 数据库是 MySQL 的核心数据库，主要负责存储数据库的用户、权限设置、关键字等 mysql 自己需要使用的控制和管理信息。

(1)user 表：记录用户信息，包括用户名、登录主机名、用户权限、安全信息、资源控制信息等。

mysql>SELECT host, user, plugin FROM user;

host	user	plugin
localhost	mysql.infoschema	caching_sha2_password
localhost	mysql.session	caching_sha2_password
localhost	mysql.sys	caching_sha2_password
localhost	root	mysql_native_password

(2)db 表：记录用户信息和用户权限信息。它是 MySQL 数据库中非常重要的权限表，表中存储了用户对某个数据库的操作权限。

mysql>SELECT host, db, user, select_priv, insert_priv, update_priv, delete_priv FROM db;

host	db	user	select_priv	insert_priv	update_priv	delete_priv
localhost	performance_schema	mysql.session	Y	N	N	N
localhost	sys	mysql.sys	N	N	N	N

(3)tables_priv 表：记录对用户授权后的信息，用户登录的主机信息、能够访问数据库中的表信息、对表赋予的权限信息等。

mysql>select * from tables_priv;

Host	Db	User	Table_name	Grantor	Timestamp	Table_priv	Column_priv
localhost	mysql	mysql.session	user	boot@	0000-00-00 00:00:00	Select	
localhost	sys	mysql.sys	sys_config	root@localhost	2020-08-01 01:02:21	Select	

(4)columns_priv 表：记录用户对表中的列授权信息。

(5)procs_priv 表：记录用户对存储过程和存储函数进行权限设置信息。

2.4.4 sys

sys 库可以快速地了解系统的元数据信息，方便 DBA 发现数据库的更多信息，更好地管理数据库。

sys 库只有一个表：sys_config 表，存放系统配置信息。

其他都是视图，功能如下：

host_：以 IP 分组相关的统计信息。

innodb：innodb buffer 相关信息。

io：数据内不同维度的 IO 相关的信息。

memory：以 IP、连接、用户、分配的类型分组及总的占用显示内存的使用。
metrics：DB 内部的统计值。
processlist：线程相关的信息。
schema：表结构相关的信息。
session：用户连接相关的信息。
statement：基于语句的统计信息。
statements_：出错的语句，进行全表扫描，运行时间超长，排序等。
user_：和 host_开头的相似，只是以用户分组统计。
wait：等待事件。
waits：以 IP、用户分组统计出来的一些延迟事件。

2.4.5 sakila

sakila 是 MySQL 官方提供的一个样本数据库，用户模拟 DVD 租赁信息管理的数据库，提供了一个标准模式，可供用户学习测试。

2.4.6 world

world 是 MySQL 官方提供的一个样本数据库，包含 city、country、countrylanguage 三个表，可供用户学习测试。

2.5 数据库的备份与恢复

备份与恢复对于数据库而言是至关重要的。当数据文件发生损坏、MySQL 服务出现错误、系统内核崩溃、计算机硬件损坏或者数据被误删等事件时，使用一种有效的数据备份方案，就可以快速解决以上所有的问题。MySQL 提供了多种备份方案，包括逻辑备份、物理备份、全备份及增量备份等方式备份数据。

物理备份通过直接复制包含有数据库内容的目录与文件实现。这种备份方式适用于对重要的大规模数据进行备份，并且要求实现快速还原的生产环境。典型的物理备份就是复制 MySQL 数据库的部分或全部目录，物理备份还可以备份相关的配置文件。但采用物理备份需要 MySQL 处于关闭状态或者对数据库进行锁操作，防止在备份的过程中改变发送数据。

逻辑备份通过保存代表数据库结构及数据内容的描述信息实现，例如，保存创建数据结构以及添加数据内容的 SQL 语句，这种备份方式适用于少量数据的备份与还原。逻辑备份需要查询 MySQL 服务器获得数据结构及内容信息，因为需要查询数据库信息并将这些信息转换为逻辑格式，所以，相对于物理备份而言比较慢。逻辑备份不会备份日志、配置文件等不属于数据库内容的资料。逻辑备份的优势在于不管是服务层面、数据库层面还是数据表层面的备份都可以实现，由于是以逻辑格式存储的，所以这种备份与系统、硬件无关。

全备份将备份某一时刻所有的数据，增量备份仅备份某一段时间内发生过改变的数据。通过物理或逻辑备份工具就可以完成完全备份，而增量备份需要开启 MySQL 二进制日志，通过日志记录数据的改变，从而实现增量差异备份。

数据库文件的备份与恢复称为物理备份，其优点在于速度快，方便快捷。其缺点在于操作系统、操作系统版本或数据库版本不同，均可能导致恢复失败。由于物理备份缺陷较多，因此不推荐使用。

MySQL 逻辑备份采用 mysqldump 命令完成，mysqldump 命令功能非常强大，下面通过具体实例讲解 mysqldump 命令的使用。

2.5.1 备份数据库

1. 备份表结构及数据

语法格式：

mysqldump-u 用户名 -p 数据库 表1 表2 …>［路径］\［文件名］.sql

功能：将数据库中的表结构及其表中的数据备份到指定路径下的文件中，使用时需输入密码。

例 2.19 将数据库 stuman 中的表 xsxx、kcxx、cjxx 备份到 c 盘 data 目录下的 xsgl.sql 文件中。

C:\> mysqldump-uroot-p stuman xsxx kcxx cjxx> c:\data\xsgl.sql
Enter password:******（输入 root 用户密码）

使用该命令时，可以直接将密码写在参数-p 后面，例如，例 2.17 操作可以写成：

C:\> mysqldump-uroot-p123456 stuman xsxx kcxx cjxx> c:\data\xsgl.sql

注意：参数-p 与密码之间没有空格，这种方式在执行时不需要输入密码，但是密码以明文方式写在命令中，容易泄露密码，在使用时，系统输入如下警告：

mysqldump:［Warning］Using a password on the command line interface can be insecure.

2. 备份表结构

语法格式：

mysqldump-u 用户名 -p-d 数据库 表1 表2 …>［路径］\［文件名］.sql

功能：将数据库中的表结构备份到指定路径下的文件中，使用时需输入密码。

-d 参数：等价于--no-data，含义是不导出任何数据，只导出数据库表结构。

例 2.20 将数据库 stuman 中的表 xsxx、kcxx、cjxx 的表结构备份到 c 盘 data 目录下的 xs_jg.sql 文件中，不包含表中数据。

C:\> mysqldump-uroot-p-d stuman xsxx kcxx cjxx> c:\data\xs_jg.sql
Enter password:******（输入 root 用户密码）

该命令也可以将密码写在参数-p 之后。

3. 备份表中的数据

语法格式：

mysqldump-u 用户名 -p-t 数据库表1 表2 …>［路径］\［文件名］.sql

功能：将数据库中指定表中的数据备份到指定路径下的文件中，备份时不创建表，使用时需输入密码。

-t 参数：等价于—no-create-info，含义是只导出数据，而不添加 CREATE TABLE 语句。

例 2.21 将数据库 stuman 中的表 xsxx、kcxx、cjxx 中的数据备份到 c 盘 data 目录下的 xsgl_sj.sql 文件中，备份时，不创建表。

```
C:\> mysqldump -uroot -p -t stuman xsxx kcxx cjxx> c:\data\ xsgl_sj.sql
Enter password: ******（输入root用户密码）
```

4. 导出单张表（有where条件）

有时备份表中一部分数据时，可以在备份时指定条件，将满足条件的数据进行备份。

语法格式：

mysqldump -u 用户名 -p 数据库 表 --where"限制条件"> [路径]\ [文件名].sql

当与where条件配合使用时，常用于单个表的备份，备份时也可以通过添加参数-t来指定是否创建表结构。

例2.22 将数据库stuman中的cjxx表中不及格的数据备份到c盘data目录下的cj_bk.sql文件中，只备份数据库，不建立表结构。

```
C:\> mysqldump -uroot -p -t stuman cjxx --where "cj< 60">c:\data\cj_bk.sql
Enter password: ******（输入root用户密码）
```

5. 备份系统中所有数据库

语法格式：

mysqldump -u 用户名 -p --all-databases> [路径]\ [文件名].sql

功能：将MySQL数据库系统中所有数据库备份到指定路径下的文件中，使用时需输入密码，如系统数据库较多，且数据量较大时，备份时间较长。

例2.23 将系统中的全部数据库备份到c盘data目录下的data_bak.sql中。

```
C:\> mysqldump -uroot -p  --all-databases>c:\data\data_bak.sql
Enter password: ******（输入root用户密码）
```

注意：由于当系统数据较多时，常用备份指定数据库，格式如下：

mysqldump -u 用户名 -p -databases 数据1 数据2…> [路径]\ [文件名].sql

2.5.2 恢复数据

MySQL的恢复在Windows系统的命令行下，采用source这个命令来执行，恢复时需要用命令行方式登录到MySQL系统中，执行恢复命令。

1. 恢复表

如果在备份表的时候，表结构和表中的数据同时备份到文件中，恢复时，首先用USE命令进入数据库中，然后执行source文件.sql来恢复。

例2.24 将xsxx、kcxx、cjxx三个表及其数据恢复到数据库stumanbak中。

进入到MySQL系统中；

mysql -uroot -p 输入密码。

将stumanbak切换成当前数据库；

USE stumanbak;

执行source命令；

mysql>source c:\data\xsgl.sql 结尾没有分号。

例2.25 将xsxx、kcxx、cjxx三个表中的数据恢复到数据库stumanbak中。

首先查看数据库stumanbak中是否存在xsxx、kcxx、cjxx三个表，若存在，直接执行source命令将其恢复，若不存在，应建立三个表，或者将三个表的表结构文件恢复。

如：

mysql> source c:\data\xs_jg.sql

mysql> source c:\data\xsgl_sj.sql

2. 恢复数据库

恢复数据库时比较简单,不需要进入数据库,直接登录到 MySQL 系统中,使用 source 命令将其导入即可。

语法格式:

mysql> source 路径名\文件名.sql

在 Windows 系统中,查看 MySQL 服务是否启动;

在 Windows 命令行下,登录 MySQL 系统,登录后查看系统中有哪些数据库;

创建图书管理系统数据库,数据库名称为 BookManSys,默认字符集为 utf8;

在数据库 BookManSys 中建立图书信息表"BookInfo"表,结构见表 2.8。

表 2.8 "BookInfo"表

字段名	数据类型	长度	是否允许为空值	默认值	说明
id	整型(INT)		×	无	图书ID(主键)
bookName	可变长字符型(VARCHAR)	30	×	无	书名
author	可变长字符型(VARCHAR)	10	√	无	作者
ISBN	可变长字符型(VARCHAR)	50	√	无	ISBN号
pubTime	时间日期(datetime)		√	无	出版时间
price	整型(INT)		√	无	单价

修改图书信息表 BookInfo 结构,将作者(author)字段长度调整为 20 字符,添加出版社(press)字段,类型为可变长度(VARCHAR)长度为 50。

备份图书管理数据库及图书信息表。

第 3 章

SQL 基本语法

教学目标

1. 掌握 MySQL 基本数据类型与字段的属性。
2. 掌握 MySQL 数据的插入、删除、修改。

学习导航

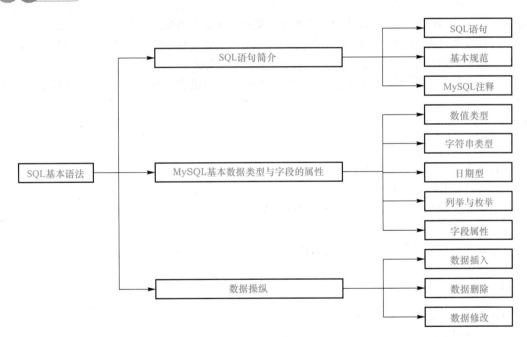

3.1 SQL 语句简介

3.1.1 SQL 语句

SQL(Structured Query Language)是一门 ANSI 的标准计算机语言,用来访问和操作数据库系统。SQL 语句用于取回和更新数据库中的数据。SQL 可与数据库程序协同工作,比如

MySQL、MS Access、DB2、Informix、MS SQL Server、Oracle、Sybase 及其他数据库系统。

SQL 从功能上可以分为 3 部分：数据定义、数据操纵和数据控制。

(1)数据定义功能 DDL(Data Definition Languages)：数据定义语句，能够定义、删除、更改数据库、数据表、索引等数据库对象。重要的 DDL 语句包括：CREATE DATABASE、ALTER DATABASE、DROP DATABASE、CREATE TABLE、ALTER TABLE、DROP TABLE、CREATE INDEX、DROP INDEX 等。

(2)数据操纵功能 DML(Data Manipulation Languages)：包括对基本表和视图的数据插入、删除和修改，特别是具有很强的数据查询功能。常用的 DML 语句包括 SELECT、INSERT、DELETE、UPDATE 等。

(3)数据控制功能 DCL(Data Control Languages)：主要是对用户的访问权限加以控制，以保证系统的安全性，定义数据库、数据表、字段、用户的访问权限和安全级别。常用的 DCL 语句关键字包括 GRANT、RREVOKE 等。

SQL 的核心部分相当于关系代数，但又具有关系代数所没有的许多特点，如聚集、数据库更新等。它是一个综合的、通用的、功能极强的关系数据库语言。其特点如下：

(1)数据描述、操纵、控制等功能一体化。

(2)两种使用方式，统一的语法结构。SQL 有两种使用方式：一种方式是联机交互使用，这种方式下的 SQL 实际上是作为自含型语言使用的。另一种方式是嵌入到某种高级程序设计语言(如Java语言等)中去使用。尽管使用方式不向，但所用语言的语法结构基本上是一致的。

(3)高度非过程化。SQL 是一种第四代语言，用户只需要提出"干什么"，无须具体指明"怎么干"，像存取路径选择和具体处理操作等均由系统自动完成。

(4)语言简洁，易学易用。尽管 SQL 的功能很强，但语言十分简洁，用户很容易学习和使用。

3.1.2 基本规范

(1)SQL 不区分字母大小写；
(2)关键字和函数名称全部大写；
(3)一般数据库名称、表名称、字段名称全部小写；
(4)MySQL 要求在每条 SQL 命令的末端使用分号；
(5)数据库对象的命名要能做到见名识意。

3.1.3 MySQL 注释符

MySQL 注释符有以下三种：

1. #注释内容

功能：注释内容从符号#开始，到该行结束。

SELECT*FROM country WHERE Name like'C%'; #查询以字母 C 开头的国家信息

2. ——注释内容

功能：注释内容从符号—开始，到该行结束，符号—与注释内容之间有一个空格。

SELECT*FROM country WHERE Name like'C%'; ——查询以字母 C 开头的国家信息

3. /*注释内容*/

功能：注释内容从符号/*开始，到符号*/结束，注释内容可以多行。

/* 查询以字母 C 开头的
国家信息 */
SELECT * FROM country WHERE Name like'C%';

3.2 MySQL 基本数据类型与字段的属性

数据类型是指列、存储过程参数、表达式和局部变量的数据特征,它决定了数据的存储方式,代表了不同的信息类型。不同的数据库,数据类型有所不同,MySQL 数据库有以下几种数据类型:

3.2.1 数值类型

MySQL 支持所有标准 SQL 数值数据类型。

这些类型包括严格数值数据类型(INTEGER、SMALLINT、DECIMAL 和 NUMERIC),以及近似数值数据类型(FLOAT、REAL 和 DOUBLE PRECISION)。

关键字 INT 是 INTEGER 的同义词,关键字 DEC 是 DECIMAL 的同义词。

BIT 数据类型保存位字段值,并且支持 MyISAM、MEMORY、InnoDB 和 BDB 表。

作为 SQL 标准的扩展,MySQL 也支持整数类型 TINYINT、MEDIUMINT 和 BIGINT。表 3.1 显示了需要的每个整数类型的存储和范围。

表 3.1 整数类型的存储和范围

类型	大小	范围	用途
TINYINT	1 byte	(−128 127)	小整数值
SMALLINT	2 bytes	(−32 768,32 767)	大整数值
MEDIUMINT	3 bytes	(−8 388 608,8 388 607)	大整数值
INT 或 INTEGER	4 bytes	(−2 147 483 648,2 147 483 647)	大整数值
BIGINT	8 bytes	(−922 337 203 685 4 775 808,922 337 203 685 4 775 807)	极大整数值
FLOAT(M, D)	4 bytes	8 位精度,M 表示数字的总位数,D 表示小数点后面的数字位数	单精度浮点数值
DOUBLE(M, D)	8 bytes	16 位精度,M 表示数字的总位数,D 表示小数点后面的数字位数	双精度浮点数值
DECIMAL(M, D)	如果 M>D,M+2 否则 D+2	依赖 M 和 D 的值	小数值

3.2.2 字符串类型

字符串类型是指 CHAR、VARCHAR、BINARY、VARBINARY、BLOB、TEXT、ENUM 和 SET,见表 3.2。

表 3.2 字符串类型

类型	大小	用途
CHAR	0～255 bytes	定长字符串
VARCHAR	0～65 535 bytes	变长字符串
TINYBLOB	0～255 bytes	不超过 255 个字符的二进制字符串
TINYTEXT	0～255 bytes	短文本字符串
BLOB	0～65 535 bytes	二进制形式的长文本数据
TEXT	0～65 535 bytes	长文本数据
MEDIUMBLOB	0～16 777 215 bytes	二进制形式的中等长度文本数据
MEDIUMTEXT	0～16 777 215 bytes	中等长度文本数据
LONGBLOB	0～4 294 967 295 bytes	二进制形式的极大文本数据
LONGTEXT	0～4 294 967 295 bytes	极大文本数据

1. CHAR 与 VARCHAR

CHAR 与 VARCHAR 都用于声明字符串，CHAR 定义的是固定长度字符串，例如，字段类型为 CHAR(6)，值为：abc，存储为：abc＿＿＿(abc+3 个空格)。

字段类型为 VARCHAR(6)，值为：abc，存储为：abc(自动变为 3 个的长度)。

CHAR 类型数据被检索时，尾部空格自动被删除，检索过程中不进行大小写转换。在存储数据时，字符串右边不能有空格。

VARCHAR 类型数据检索与 CHAR 相似，不同点是在存储时只保存需要的字符数和字符长度，不进行数据填充。

2. BINARY 与 VARBINARY

BINARY 与 VARBINARY 用来存储二进制字符串，存储和使用方式与 CHAR 与 VARCHAR 类似。与之不同的是它们没有字符集，排序和比较基于列值字节数值。当以 BINARY 存储时，如果存储的字符长度小于指定长度，系统会在字符右边填充 0x00(字符'\0')以达到指定长度，字符'\0'不是空格，检索时要注意。

3. TEXT 与 BLOB

TEXT 与 BLOB 是应对对象类型为文本与二进制，功能与 CHAR 和 BINARYF 类似。一般在保存少量字符串的时候，常选择 CHAR 或者 VARCHAR，而在保存较大文本时，通常会选择使用 TEXT 或者 BLOB。两者之间的主要差别是 TEXT，通常用来保存字符数据，如一篇文章；而 BLOB 通常用来保存二进制数据，如照片等。TEXT 和 BLOB 中又分别包括 TEXT 和 MEDIUMTEXT、LONGTEXT 和 BLOB、MEDIUMBLOB 和 LONGBLOB 三种不同的类型，它们之间的主要区别是存储文本长度不同和存储字节不同，用户应该根据实际情况选择能够满足需求的最小存储类型。

TEXT 类型与 BLOB 类型的相同点：

(1)在 TEXT 或 BLOB 列的存储或检索过程中不存在大小写转换，若为 TEXT 或 BOLB 列超过该列类型的最大长度值时，则值会被截取。若截取的字符不是空格，将提示一条警告信息。

(2)TEXT 和 BOLB 列不能有默认值。

(3)在保存或检索 TEXT 和 BLOB 列的值时不删除尾部空格。

(4)对于 TEXT 和 BLOB 列的索引，必须指定索引前缀的长度。

TEXT 类型与 BLOB 类型的不同点：
(1)TEXT 值对大小写不敏感，而 BLOB 对大小写敏感。
(2)TEXT 被视为非二进制字符串，而 BLOB 被视为二进制字符串。
(3)TEXT 根据字符集的校对规则对值进行排序和比较，BLOB 列没有字符集。
(4)可将 TEXT 列视为 VARCHAR 列，将 BLOB 列视为 VARBINARY 列。
(5)BLOB 可以存储图片，而 TEXT 只能存储纯文本文件。

3.2.3 日期型

表示时间值的日期和时间的类型为 DATETIME、DATE、TIMESTAMP、TIME 和 YEAR。每个时间类型（见表3.3）有一个有效值范围和一个"零"值，当指定不合法的 MySQL 不能表示的值时使用"零"值。TIMESTAMP 类型有专有的自动更新特性。

表 3.3 时间类型

类型	字节	范围	格式	用途
date	3	1000—01—01—9999—12—31	YYYY—MM—DD	日期值
time	3	−838:59:59—838:59:59	HH:MM:SS	时间值或持续时间
year	1	1901—2155	YYYY	年份值
datetime	8	1000—01—01 00:00:00—9999—12—31 23:59:59	YYYY—MM—DD HH:MM:SS	混合日期和时间值
timestamp	4	1970—01—01 00:00:00/2 038 结束时间是第 2 147 483 647 秒，北京时间 2038—1—1911:14:07，格林尼治时间 2038 年 1 月 19 日 凌晨 03:14:07	YYYYMMDD HHMMSS	时间戳，混合日期和时间值

3.2.4 列举与枚举

1. ENUM

单选字符串数据类型，适合存储表单界面中的"单选值"。
设定 ENUM 的时候，需要给定"固定的几个选项"；存储的时候就只存储其中的一个值。
设定 ENUM 的格式：
ENUM("选项1","选项2","选项3",…);
实际上，ENUM 的选项都会对应一个数字，依次是 1，2，3，4，5，…，最多有 65 535 个选项。
使用的时候，可以使用选项的字符串格式，也可以使用对应的数字。

2. SET

多选字符串数据类型，适合存储表单界面的"多选值"。
设定 SET 的时候，同样需要给定"固定的几个选项"；存储的时候，可以存储其中的若干个值。
设定 SET 的格式：

SET("选项1","选项2","选项3",…)

同样的，SET 的每个选项值也对应一个数字，依次是 1，2，4，8，16，…，最多有 64 个选项。

使用的时候，可以使用 set 选项的字符串本身(多个选项用逗号分隔)。

列举与枚举的字节与说明见表 3.4。

表 3.4 列举与枚举

名称	字节	说明
set	1、2、3、4 或 8	列举：可以取 SET 列表中的一个或多个元素(多选)
enum	1 或 2	枚举：可以取 ENUM 列表中的一个元素(单选)

例 3.1 建立学生信息表。
```
CREATE TABLE students(
id      TINY INT, # 微小整型
name    VARCHAR(10), # 变长字符
sex     ENUM('m', 'w'), # 单选
birthday    DATE, # 日期型
tel     CHAR(11), # 定长字符
city    CHAR(1), # 城市
hobby SET('1', '2', '3', '4'), # 多选
introduce   TEXT# 个人介绍
);
```

3.2.5 字段属性

字段属性是字段除数据类型外的属性，一般有空/不为空值、主键、唯一键、自增长、默认值、描述等属性，见表 3.5。

表 3.5 字段属性

属性	功能	说明
not null	非空	必须有值，不允许为 null
Default	默认值	当插入记录时没有赋值，自动赋予默认值(允许为 null)
primary key	主键	唯一标识一行数据的字段(主键自动为 not null)
auto_increment	自动增量	不能单独使用，必须与 primary key 一起定义
unique(unique key)	唯一	记录不能重复(一张表可以有多个 unique，允许为 null)

3.3 数据操纵

3.3.1 数据插入

MySQL 表中使用 INSERT INTO 语句来插入数据。MySQL 插入数据功能非常强，下面通

过举例对每种插入方法进行详细介绍。

格式 1：INSERT　INTO　表名 VALUES(值 1，值 2，…)；

例 3.2　向系统数据库 world 中的 city 表中插入一条记录。

在插入数据之前首先通过 DESC 查看一下 city 表的结构。打开 Navicat 软件，关于该软件的使用方法查看本教程"1.3.3 MySQL 管理工具介绍"，如图 3.1 所示。

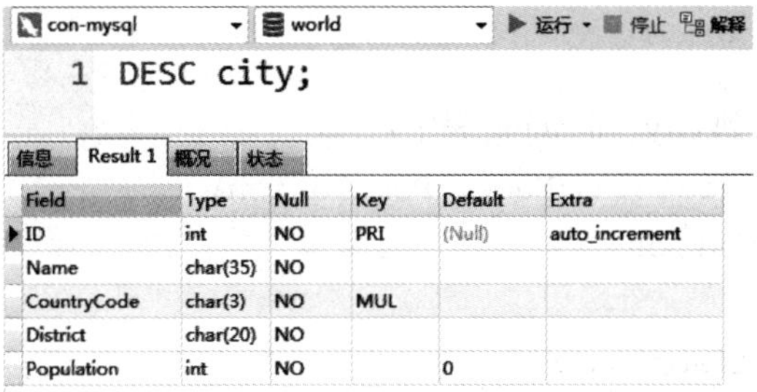

图 3.1　查看 city 表结构

插入数据：INSERT INTO city VALUES(NULL, 'Jinzhou', 'CHN', 'Liaoning', 570000)；

插入数据这种简写的方式虽然非常简单，但是 VALUES 后面的值必须和表中的顺序严格对应，且类型要保持一致，即使表中某一个列不需要值也必须赋值为 NULL，在实际开发中不推荐使用此方法进行插入数据，原因是语句容易报错，扩展性差，维护困难。例如，在 city 表中，ID 为自动增长类型，在实际插入数据时，不需要指定，但是在书写时，也需要赋值为 NULL，否则出错。

格式 2：INSERT　INTO　表名(字段 1，字段 2，…) VALUES(值 1，值 2，…)；

例 3.3　通过指定字段名，向数据表 city 中插入数据，命令为

INSERT INTO city(Name, CountryCode, District, Population)
VALUES('Jinzhou', 'CHN', 'Liaoning', 570000);

此时没有给 id 赋任何值包括 MULL，而且不用关心表中字段的顺序，只要 values 赋的值与表名后面的字段名保持一致即可；在实际开发和系统维护中比较方便。

格式 3：INSERT　INTO　表名(字段 1，字段 2，…)
VALUES(值 1，值 2，…)，(值 1，值 2，…)，…；

这种格式可以完成批量插入数据，在建完表后，数据初始化时经常使用。

插入数据时，每条记录之间用逗号分隔。

例 3.4　向 city 表中一次插入两条记录，命令为

INSERT INTO city(Name, CountryCode, District, Population)
VALUES
('Jinzhou', 'CHN', 'Liaoning', 570000),
('Shenyang', 'CHN', 'Liaoning', 4260000);

MySQL 有时需要将查询结果的多条记录全部插入到指定表中，完成数据的备份，可使用如下格式完成该操作。

格式 4：INSERT　INTO　表名(字段 1，字段 2，…)　SELECT 查询结果；

可以将 SELECT 的查询结果插入表中，要求被插入的表中的字段与查询结果一致。

例 3.5　将在 city 表中的辽宁省的城市人口信息备份到表 city＿liaoning 中。

首先建立表：
```
CREATE TABLE city_liaoning
(
ID INT PRIMARY KEY AUTO_INCREMENT,
Name char(35) NOT NULL,
Population int
);
```
然后将查询结果插入到 city_liaoning 表中：
```
INSERT INTO city_liaoning(Name, Population)
SELECT Name, Population
FROM city
WHERE District= 'Liaoning';
```

3.3.2 数据删除

当数据表中的记录不需要时，可以将其删除，使用 DELETE FROM 命令来完成此操作，命令的语法格式如下。

格式1：DELETE FROM 表名[WHERE 条件语句]；

WHERE 条件语句是可选项，不是必需的，但在使用时经常指定需要删除的记录，很少省略，除非想清除 MySQL 表中的所有记录，使用时需谨慎。

例3.6 删除 city_liaoning 表中城市名 Name 为 Jinzhou 的记录，操作语句如下：

`DELETE FROM city_liaoning WHERE Name= 'Jinzhou';`

在操作数据库时，有时想删除的数据存在多个表中，DELETE 命令可一次性删除多个表中的数据，语法格式如下。

格式2：DELETE 表1，表2，…FROM 表1，表2，… WHERE 条件语句；

在删除多个数据表的数据之前，一定做好数据备份，否则影响多个数据表，造成数据无法恢复，使用需谨慎。

3.3.3 数据修改

如果需要修改或更新 MySQL 中的数据，可以使用 UPDATE 命令来操作。以下是 UPDATE 命令修改 MySQL 数据表数据的通用 SQL 语法：

UPDATE 表名 SET 字段1=新值1，字段2=新值2，…[WHERE 条件语句]；

与删除语句相识，WHERE 条件语句是可选项，不是必需的，但在使用时经常指定需要更改的记录，如果省略，则更新 MySQL 表中的所有记录，使用时需谨慎。

例3.7 将 world 数据库 city 表中的城市为锦州的人口数更改为 580 000。

`UPDATEcity SET Population= 580000 WHERE Name= 'Jinzhou';`

更新数据表时，根据需要有很多常用的方法，通过具体事例说明。

例3.8 将 world 数据库 city 表中的城市的人口数都增加 1 000 人。

`UPDATE city SET Population= Population+ 1 000;`

此时没有 WHERE 语句，更新 city 表中所有记录。

UPDATE 命令可以同时修改多个表中的数据，语法格式如下：

UPDATE 表名1，表名2，…SET 表1.字段1=新值1，表2.字段2=新值2，…[WHERE 条件语句]；

在更新数据时，有时需要将一个表中的一批记录更新到另外一个表中，这种方法在恢复数据时非常有用。接下来通过具体实例说明。

例3.9 首先将 world 数据库中的 city 表中的辽宁省的城市名和人口数建立数据表 cityln。

CREATE TABLE cityln
SELECT Name, Population
FROM city
WHERE District= 'Liaoning';

然后，执行如下语句：

UPDATE cityln SET Population= 0;

以上语句是假设由于误操作，不小心将人口数清零了，此时需要恢复数据；可以将 city 数据表中对应的城市人口数恢复到 cityln 数据表中，通过 UPDATE 语句来完成，语句如下：

UPDATE cityln, city
SET cityln.Population= city.Population
WHERE cityln.Name= city.Name;

在数据库 BookManSys 中图书信息表 BookInfo 中插入表 3.6 所示信息。

表 3.6 "学生信息"表

图书 ID	书名	作者	ISBN 号	出版时间	单价/元	出版社
1	Java 程序设计	杨文艳	9787568254670	2018	44.35	北京理工大学
2	计算机网络技术	田春尧	9787122267337	2017	31.8	化学工业
3	C 程序设计教程	赵书慧				

将图书《计算机网络技术》的出版时间更改为 2018 年，单价更改为 35.6。

删除《C 程序设计教程》图书记录。

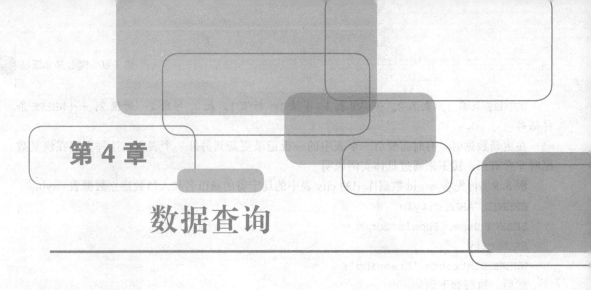

第 4 章

数据查询

教学目标

1. 掌握 MySQL 的常规查询语句。
2. 掌握 MySQL 的特定查询语句。

学习导航

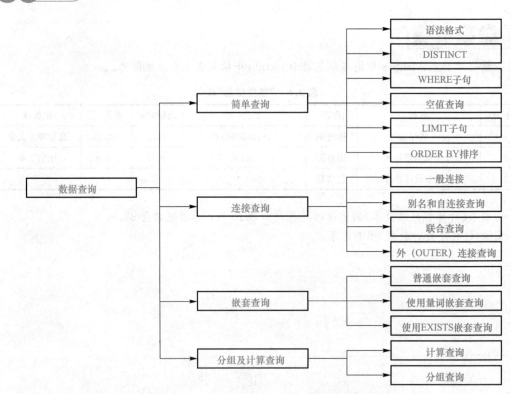

MySQL 的数据查询功能非常强大,数据查询功能是 SQL 的核心。SQL 的查询命令也称作 SELECT 命令,它的基本语法形式由 SELECT、FROM、WHERE 三部分组成,SELECT 部分表示要查询的内容,FROM 部分表示查询数据的来源,一般由基本数据表或视图构成,

WHERE 表示查询条件。其中，SELECT 和 FROM 部分是必须的，而 WHERE 部分根据需要构成，可以没有。多个查询块可以嵌套执行，功能非常强大。查询功能是数据管理系统的核心，需要重点掌握。

MySQL 的 SELECT 语句的一般格式如下：

SELECT[ALL| DISTINCT]<表达式 1>[，<表达式 2>，…]
FROM<表名 1>[，<表名 2>，…]
[WHERE<条件表达式>]
[GROUP BY<字段名 1>[，<字段名 2>，…][HAVING<谓词>]]
[ORDER BY<字段名 1>[ASC|DESC]，[<字段名 1>[ASC|DESC]]…]

下面解释语句中的各个短语的作用：

(1)SELECT 表示要查询的内容，ALL 表示不去除重复元组，DISTINCT 表示去除重复元组，<表达式>一般指数据表中的字段名，查询表中所有的字段可以用"*"表示。
(2)FROM 表示查询的数据来源哪些表或视图。
(3)WHERE 表示查询条件；WHERE 子句中常用的运算符见表 4.1。
(4)GROUP BY 表示对查询结果进行分组。
(5)ORDER BY 表示对查询结果进行排序。

表 4.1　WHERE 子句中常用的运算符

查询方式	运算符
算术	+、-、*、/(DIV)、%(MOD)
比较	=、<>! =、<=>、>、>=、<、<=
范围集合	BETWEEN AND、NOT BETWEEN AND、IN、NOT IN
空值	IS NULL、IS NOT NULL
字符匹配	LIKE、NOT LIKE
逻辑	AND &&、OR ||、NOT !

SELECT 语句用于从表中选取数据，使用非常灵活，可以根据需要完成各种查询。本章通过具体实例详细介绍 SELECT 语句的使用。下面以一个学生成绩管理系统来完成这些实例，为了方便，给出学生成绩管理系统中需要的表，见表 4.2～表 4.4。

表 4.2　"学生信息"表

学号	姓名	性别	出生日期	专业
20180501	刘松	男	2000-05-03	网络技术
20180502	宋玉晨	女	2000-10-15	网络技术
20180503	王洪赫	男	1999-09-12	网络技术
20180601	张东升	男	2000-05-08	移动应用
20180602	李双	女	1999-04-23	移动应用
20180603	王东			

表 4.3 "课程信息"表

课程号	课程名	开课学期	学时
0101	计算机基础	2	48
0102	网络基础	4	64
0201	高等数学	1	72

表 4.4 "成绩信息"表

学号	课程号	成绩	学号	课程号	成绩
20180501	0101	80	20180502	0201	93
20180501	0102	58	20180503	0101	70
20180501	0201	85	20180601	0101	92
20180502	0101	90	20180601	0201	56
20180502	0102	96	20180602	0101	70

4.1 简单查询

4.1.1 语法格式

SELECT 字段名,…FROM 表名[WHERE 条件];

例 4.1 从"学生信息"表中检索所有学生的姓名。

SELECT xm

FROM xsxx;

查询结果：

刘松

宋玉晨

王洪赫

张东升

李双

例 4.2 从"学生信息"表中检索所有学生的专业。

SELECT zy

FROM xsxx;

查询结果：

网络技术

网络技术

网络技术

移动应用

移动应用

4.1.2 DISTINCT

在查询结果中有重复信息,如果想去掉重复信息,需要指定 DISTINCT 关键字:

SELECT DISTINCT zy

FROM xsxx;

查询结果:

网络技术

移动应用

例 4.3 查询"课程信息"表中所有信息。

SELECT *

FROM kcxx;

查询结果:

0101	计算机基础	2	48
0102	网络基础	4	64
0201	高等数学	1	72

"*"是通配符,表示所有字段,此命令相当于:

SELECT kch, kcm, kkxq, xs

FROM kcxx;

4.1.3 WHERE 子句

例 4.4 在"成绩信息"表中检索成绩大于 80 分的学号和课程号。

SELECT xh, kch

FROM cjxx

WHERE cj> 80;

查询结果:

20180501	0201
20180502	0101
20180502	0102
20180502	0201
20180601	0101

例 4.5 检索学生成绩为优秀的学号(只要有一门课程成绩大于等于 90 分即可)。

SELECT DISTINCT xh

FROM cjxx

WHERE cj>=90;

查询结果:

20180502

20180601

此例中,有可能一名学生有多门课程为优秀,查询结果中学号可能出现重复,需要加 DISTINCT 关键字,去掉重复学号。

例 4.6 在"成绩信息"表中检索选修了课程号为"0101"或者"0102"这两门课程并且成绩高于

80 分的信息。

SELECT xh, kch, cj

FROM cjxx

WHERE(kch='0101'OR kch='0102')AND cj>80;

查询结果：

2018050 20101 90

2018050 20102 96

2018060 10101 92

此例中有多个条件，OR 表示或者关系，AND 表示并且关系。

例 4.7 在"成绩信息"表中检索出成绩在 60 分到 80 分的信息。

SELECT xh, kch, cj

FROM cjxx

WHERE cj BETWEEN 60 AND 80;

查询结果：

20180501 0101 80

20180503 0101 70

20180602 0101 70

此例中 BETWEEN…AND…是表示从…到…之间，从小到大之间的数据，不能写反了。该语句等价于：

SELECT xh, kch, cj

FROM cjxx

WHERE cj>=60 AND cj<=80;

例 4.8 从"课程信息"表中检索"计算机基础"和"网络基础"课程信息。

此例中的查询条件应该写成 kcm='计算机基础'OR kcm='网络基础'，但是从"课程信息"表中数据可知，只有这两门课程是以"基础"两个字结尾的，可以使用通配符"％"来完成。

SELECT *

FROM kcxx

WHERE kcm LIKE'％基础';

查询结果：

0101 计算机基础 2 48

0102 网络基础 4 64

这里 LIKE 是字符串匹配运算符，通配符"％"表示 0 个或多个任意字符，另外还有一个通配符"_"，表示任意一个字符。

例 4.9 检索学生姓名为两个字的学生信息。

SELECT *

FROM xsxx

WHERE xm LIKE '_ _';

查询结果：

20180501 刘松 男 2000－05－03 网络技术

20180602 李双 女 1999－04－23 移动应用

例 4.10 在"成绩信息"表中检索没有选修课程号为"0101"课程的全部信息。

```
SELECT *
FROM cjxx
WHERE kch! = '0101';
```
查询结果：

20180501	0102	58
20180501	0201	85
20180502	0102	96
20180502	0201	93
20180601	0201	56

在MySQL中，"不等于"用"！＝"表示，也可用"＜＞"表示。另外，还可以用否定运算符NOT的等价命令：

```
SELECT *
FROM cjxx
WHERE NOT(kch= '0 101');
```

4.1.4 空值查询

MySQL支持空值的检索，假设在"学生信息"表中，有些学生信息不完整，在信息采集时只填写了"学号"和"姓名"，其他信息都为空。下面通过一个例子介绍空值检索。

例4.11 在"学生信息"表中，检索性别为空的学生信息。

```
SELECT *
FROM xsxx
WHERE xb IS NULL;
```
查询结果：

20180603   王东   Null   Null   Null

说明：空值检索时要使用 IS NULL，不能用＝NULL，因为空值不是一个确定的值，所以不能用"＝"这样的比较运算符来检索，检索非空信息用 IS NOT NULL。

例4.12 在"学生信息"表中，检索确定了专业的学生信息。

确定了专业的学生，也就是专业已经填写了信息，即专业不为空。

```
SELECT *
FROM xsxx
WHERE zy IS NOT NULL;
```
查询结果：

20180501	刘松	男	2000－05－03	网络技术
20180502	宋玉晨	女	2000－10－15	网络技术
20180503	王洪赫	男	1999－09－12	网络技术
20180601	张东升	男	2000－05－08	移动应用
20180602	李双	女	1999－04－23	移动应用

4.1.5 LIMIT 子句

例4.13 从"成绩信息"表第2条记录开始检索，检索3条记录。

```
SELECT *
FROM cjxx
LIMIT 2, 3;
```
查询结果：

20180501	0201	85
20180502	0101	90
20180502	0102	96

该查询在分页查询时使用，LIMIT 后面有两个参数，第一个参数为当前页起始记录，计算方法为

当前页记录＝(当前页－1)×每页记录数，在系统开发，前台 UI 分页时使用。

4.1.6　ORDER BY 排序

例 4.14　按照"成绩信息"表中成绩降序显示全部成绩信息。
```
SELECT *
FROM cjxx
ORDER BY cj DESC;
```
查询结果：

20180502	0102	96
20180502	0201	93
20180601	0101	92
20180502	0101	90
20180501	0201	85
20180501	0101	80
20180503	0101	70
20180602	0101	70
20180501	0102	58
20180601	0201	56

这里的 ORDER BY 是排序子句，系统默认是按照 ORDER BY 后面的字段升序排列，此时 ASC 关键字可省略，降序排列使用 DESC 关键字，不能省略。

例 4.15　按照"成绩信息"表中学号升序、课程号升序排列显示全部成绩信息。
```
SELECT *
FROM cjxx
ORDER BY xh ASC, kch ASC;
```
查询结果：

20180501	0101	80
20180501	0102	58
20180501	0201	85
20180502	0101	90
20180502	0102	96
20180502	0201	93
20180503	0101	70

20180601	0101	92
20180601	0201	56
20180602	0101	70

4.2 连接查询

在 SELECT 语句中,如果查询的信息不在同一个表中,需要 FROM 子句后引用多个表或视图,在连接时需要指定连接条件或使用 JOIN 关键字指定的连接操作在指定表或视图之间执行。

4.2.1 一般连接

例 4.16 检索学生成绩为优秀的学号和姓名(只要有一门课程成绩大于等于 90 分即可)。

这里检索的信息中,成绩为优秀来源于"成绩信息"表,而学生姓名来源于"学生信息"表,两个表通过学号相等进行连接 xsxx.xh=cjxx.xh,在查询时,有可能一名学生有多门课程成绩为优秀,所以,查询结果有重复信息,需要用 DISTINCT 去掉。

SELECT DISTINCT xsxx.xh, xm

FROM xsxx, cjxx

WHERE xsxx.xh= cjxx.xh AND cj> = 90;

查询结果:

20180502   宋玉晨

20180601   张东升

在连接时若字段名相同,即学号在"学生信息"表中为 xh,在"成绩信息"表中也为 xh,所以在连接时需要加上表名,如 xsxx.xh,"."前面为表名,后面为字段名,若字段名只在一个表中存在,则可以不加表名,如姓名可直接写为 xm,成绩写为 cj。

例 4.17 检索不及格学生的姓名、课程名和成绩。

SELECT xm, kcm, cj

FROM xsxx, kcxx, cjxx

WHERE(xsxx.xh=cjxx.xh)

AND(kcxx.kch=cjxx.kch)

AND cj< 60;

查询结果:

刘松   网络基础   58

张东升   高等数学   56

在 MySQL 中规定了专门的连接语句格式,具体格式:

SELECT 字段名 FROM 表 1

INNER│LEFT│RIGHT JOIN 表 2 ON 连接条件

INNER│LEFT│RIGHT JOIN 表 3 ON 连接条件…

WHERE 查询条件

这种方法连接思路更清晰,把表连接条件与查询条件分开。INNER│LEFT│RIGHT 省略为内连接。

例4.17可写作：
SELECT xm, kcm, cj
FROM xsxx JOIN cjxx
ON(xsxx.xh=cjxx.xh)JOIN kcxx
ON(cjxx.kch=kcxx.kch)
WHERE cj< 60;

4.2.2 别名和自连接查询

在连接操作时，经常使用表名作前缀，这样使用时显得很烦琐。因此，MySQL允许为FROM语句后的表名定义别名，使用时通过别名引用。

定义的格式为<数据表名> <别名>

例4.17的语句可写为
SELECT xm, kcm, cj
FROM xsxx A, kcxx B, cjxx C
WHERE(A.xh=C.xh)
AND(B.kch=C.kch)
AND cj< 60;

此例为数据表xsxx、kcxx和cjxx分别定义别名A、B和C，在连接时方便使用。

有时连接查询是通过表自身连接完成的，此时，只有通过定义别名来完成连接。

例4.18 在"成绩信息"表中查询课程号为"0101"成绩高于课程号为"0102"成绩的学生学号。
SELECT A.xh
FROM cjxx A, cjxx B
WHERE A.xh=B.xh
AND A.cj> B.cj
AND A.kch='0101'
AND B.kch='0102';
查询结果：
20180501

分析此例中的数据查询问题，同一名学生的两门课程的成绩之间的比较，数据来源于同一个表，首先把此表分别使用别名，作为两个表处理，在两个表中分别选择对应课程的成绩，然后通过学号相等，对两个表进行连接，把一个表中同一字段的不同记录数据连接成为不同表中的两个字段数据进行比较，得出查询结果。

4.2.3 联合查询

UNION操作符用于把来自多个SELECT语句的结果组合到一个结果集合中。语法格式如下：
SELECT 字段, …FROM 表1
UNION [ALL]
SELECT 字段, …FROM 表2;

UNION与UNION ALL的区别：当使用UNION时，MySQL会把结果集中重复的记录删掉，而使用 UNION ALL，MySQL 会把所有的记录返回，且效率高于 UNION，UNION 相当于对 UNION ALL 的结果进行一次 DISTINCT 操作。

例如：在"成绩信息"表中检索出选修课程的学生学号。

SELECT xh

FROM cjxx;

查询结果：

20180501

20180502

20180503

20180601

20180602

20180603

然后，在"学生信息"表中检索所有学生学号：

SELECT xh

FROM xsxx;

查询结果：

20180501

20180502

20180503

20180601

20180602

20180603

将两个操作结果合并在一起，使用 UNION ALL 操作：

SELECT xh FROM cjxx

UNION ALL

SELECT xh FROM xsxx;

在操作结果中发现有很多重复的学号，使用 UNION 操作，去掉重复学号，相当于对 UNION ALL 操作进行一次 DISTINCT。

SELECT xh FROM cjxx

UNION

SELECT xh FROM xsxx;

在操作结果中发现去掉了重复学号。

4.2.4 外(OUTER)连接查询

在 MySQL 中不仅支持传统的连接运算(内连接运算)，还支持广义笛卡尔积运算和外连接运算。

1. 广义笛卡尔积

CROSS JOIN 是 MySQL 中的一种连接方式，区别于内连接和外连接，对于 CORSS JOIN 连接来说，其实使用的就是笛卡尔连接。在 MySQL 中，当 CROSS JOIN 不使用 WHERE 子句时，CROSS JOIN 产生了一个结果集，该结果集的行数是两个关联表的行的乘积，列为两个关联表列相加。

语法格式如下：
SELECT <字段或表达式列表>
FROM   <表1>   CROSS JOIN   <表2>
[WHERE   <条件>]

语句中的 WHERE 既可以包含连个表的连接条件，也可以包含其他限定条件。

下面以一个学生寝室管理系统来完成这些实例，为了方便，给出学生寝室管理系统中需要的表，见表4.5和表4.6。

表 4.5 "寝室信息"表

编号	名称	备注
1	第一宿舍楼	男生
2	第二宿舍楼	男生
3	第三宿舍楼	女生
4	第四宿舍楼	

表 4.6 "学生寝室"表

学号	姓名	性别	寝室编号
20180501	刘松	男	1
20180502	宋玉晨	女	3
20180503	王洪赫	男	1
20180601	张东升	男	2
20180602	李双	女	
20180603	王东	男	

例 4.19 通过"学生寝室"表和"寝室信息"表的广义笛卡尔积得到运算结果。
SELECT * FROM xsqs CROSS JOIN qsxx;
结果集二维表为以上两个表的乘积，行数为 4×6，列数为 3+4，结果是一个 24 行 7 列的二维表。

例 4.20 对"学生寝室"表和"寝室信息"表进行传统连接。
SELECT *
FROM xsqs CROSS JOIN qsxx
WHERE xsqs.qsbh= qsxx.bh;
查询结果：
20180501   刘松   男   1   1   第一宿舍楼   男生
20180502   宋玉晨   女   3   3   第三宿舍楼   女生
20180503   王洪赫   男   1   1   第一宿舍楼   男生
20180601   张东升   男   2   2   第二宿舍楼   男生
在查询结果中"寝室编号"列是重复的。

2. 内连接

在 MySQL 标准中，内连接（INNER）运算的一般格式如下：
SELECT <字段或表达式列表>

FROM <表1> [INNER]JOIN <表2>
ON< 连接条件>
[WHERE <条件>]

内连接是传统的连接操作，其中 INNER 可以省略，这里用 ON 短语指定连接条件，用 WHERE 短语指定其他限定条件。

3. 外连接

在 MySQL 标准中，外连接（OUTER）运算的一般格式如下：
SELECT <字段或表达式列表>
FROM <表1>   LEFT| RIGHT [OUTER] JOIN <表2>
ON <连接条件>
[WHERE <条件>]

从命令格式可以看出外连接又分为左连接（LEFT）和右连接（RIGHT）两种，MySQL 不支持全连接（FULL），外连接时，OUTER 可以省略。

外连接与之前的一般连接和内连接不同。之前的连接为内连接，即只有满足连接条件的记录，才能出现在连接结果中，而外连接可以使不满足条件的空的记录也出现在结果中。

左连接在结果表中包含第一个表中满足条件的所有记录；如果是在连接条件上匹配的记录，则第二个表返回相应的值，否则第二个表返回空值。

例 4.21　对"学生寝室"表和"寝室信息"表进行左连接。
SELECT *
FROM xsqs LEFT JOIN qsxx
ON xsqs.qsbh=qsxx.bh;
查询结果：

20180501	刘松	男	1	1	第一宿舍楼	男生
20180502	宋玉晨	女	3	3	第三宿舍楼	女生
20180503	王洪赫	男	1	1	第一宿舍楼	男生
20180601	张东升	男	2	2	第二宿舍楼	男生
20180602	李双	女	NULL	NULL	NULL	NULL
20180603	王东	男	NULL	NULL	NULL	NULL

可以看出，对于第一个"学生寝室"表与第二个"寝室信息"表条件匹配的记录显示在结果集中，这一点与内连接相同，不同的是，第一个"学生寝室"表的记录在第二个"寝室信息"表中没有匹配的，则第一个表信息正常显示，第二个表显示空值。这一点与实际情况相符合，即有些学生没有住宿，但是学生的信息应该显示，只是对应的住宿信息显示空值。

右连接在结果表中包含第二个表中满足条件的所有记录；如果是在连接条件上匹配的记录，则第一个表返回相应的值，否则第一个表返回空值。

例 4.22　对"学生寝室"表和"寝室信息"表进行右连接。
SELECT *
FROM xsqs RIGHT JOIN qsxx
ON xsqs.qsbh= qsxx.bh;
查询结果：

| 20180501 | 刘松 | 男 | 1 | 1 | 第一宿舍楼 | 男生 |

20180503	王洪赫	男	1	1	第一宿舍楼	男生
20180601	张东升	男	2	2	第二宿舍楼	男生
20180502	宋玉晨	女	3	3	第三宿舍楼	女生
NULL	NULL	NULL	NULL	4	第四宿舍楼	

可以看出,右连接是指以右边的表的数据为基准,去匹配左边表的数据,如果匹配到相应的数据,则显示匹配结果;如果匹配不到相应的数据,则显示为 NULL。如上例,学校的第四宿舍楼没有学生住宿,但宿舍楼的信息应该显示,只是对应的学生信息为 NULL。

左连接与右连接的语法和使用方式相似,只是表的位置不同,可以相互转换。

在 MySQL 标准中,不支持全连接(FULL),要想在结果中包含两个表中的满足条件的所有记录,则另一个表返回相应值,否则另一个表返回空值。可以将左连接和右连接通过 UNION 联合查询完成全连接。

例 4.23 对"学生寝室"表和"寝室信息"表进行全连接。

SELECT *
FROM xsqs LEFT JOIN qsxx
ON xsqs.qsbh=qsxx.bh
UNION
SELECT *
FROM xsqs RIGHT JOIN qsxx
ON xsqs.qsbh=qsxx.bh;

查询结果:

20180501	刘松	男	1	1	第一宿舍楼	男生
20180502	宋玉晨	女	3	3	第三宿舍楼	女生
20180503	王洪赫	男	1	1	第一宿舍楼	男生
20180601	张东升	男	2	2	第二宿舍楼	男生
20180602	李双	女	NULL	NULL	NULL	NULL
20180603	王东	男	NULL	NULL	NULL	NULL
NULL	NULL	NULL	NULL	4	第四宿舍楼	

4.3 嵌套查询

嵌套查询是指一个查询语句(SELECT-FROM-WHERE)查询语句块可以嵌套在另外一个查询块的 WHERE 子句中。其中外层查询也称为父查询、主查询;内层查询也称为子查询、从查询。

嵌套查询的工作方式是先处理内查询,由内向外处理,外层查询利用内层查询的结果。嵌套查询不仅可以用于父查询 SELECT 语句使用,还可以用于 INSERT、UPDATE、DELETE 语句或其他子查询中。

4.3.1 普通嵌套查询

例 4.24 在"学生寝室"表中查询与"王洪赫"在同一寝室楼的学生姓名。
SELECT xm

```
FROM xsqs
WHERE qsbh= (SELECT qsbh
              FROM xsqs
              WHERE xm= '王洪赫');
```
查询结果：

刘松

王洪赫

在这个命令中有两个 SELECT－FROM－WHERE 查询块，即内层查询和外层查询块，内层查询块检索到"王洪赫"寝室编号，结果为 1，相当于命令为

```
SELECT xm
FROM xsqs
WHERE qsbh=1;
```

例 4.25 在"成绩信息"表中，查询所学课程都及格的学生学号。

```
SELECT DISTINCT xh
FROM cjxx
WHERE xh NOT IN (SELECT DISTINCT xh
                  FROM cjxx
                  WHERE cj< 60);
```

这个命令的内层查询块检索到不及格的学生学号，可能一名学生有多门课程不及格，所以查询是需要用 DISTINCT 去掉重复学号，检索到的结果为（20180501，20180601）；NOT IN 表示不在集合中，在"成绩信息"表中查询学号不在该集合中的学号，相当于命令为

```
SELECT DISTINCT xh
FROM cjxx
WHERE xh NOT IN('20180501', '20180601');
```

例 4.26 用嵌套查询，检索学生宋玉晨的网络基础课程的成绩。

```
SELECT cj
FROM cjxx
WHERE xh= (SELECT xh
            FROM xsxx
            WHERE xm='宋玉晨') AND kch= (SELECT kch
                                       FROM   kcxx
                                       WHERE  kcm='网络基础');
```

4.3.2 使用量词嵌套查询

在嵌套查询中可以使用 ANY、SOME、ALL 等量词，它们的形式如下：

＜表达式＞＜比较运算符＞[ANY｜ALL｜SOME](子查询)

量词 ANY 和 SOME 作用相同，在进行比较运算时，只要子查询有一个能使结果为真，则结果就为真；而 ALL 则要求子查询中的所有值都使结果为真时，结果才为真。

例 4.27 在"成绩信息"表中，检索高于学号为 20180501 的所有课程的成绩的信息。

```
SELECT xh, kch, cj
FROM cjxx
```

```
WHERE cj> ALL
     (SELECT cj
      FROM cjxx
      WHERE xh= '20180501');
```

4.3.3 使用 EXISTS 嵌套查询

在嵌套查询中，可以使用[NOT]EXISTS，具体形式为
[NOT]EXISTS(子查询)
EXISTS 或 NOT EXISTS 用来检索在子查询中是否有结果返回(即存在记录或不存在记录)。

例 4.28 查询没有选修课程的学生学号和姓名。

```
SELECT xh, xm
FROM xsxx
WHERE  NOT EXISTS
       (SELECT *
        FROM cjxx
        WHERE xh= xsxx.xh
       );
```

查询结果：
20180603   王东

NOT EXISTS 可以用 NOT IN 来完成，它等价于

```
SELECT xh, xm
FROM xsxx
WHERE  xh NOT  IN
       (SELECT DISTINCT xh
        FROM cjxx
       );
```

说明：[NOT]EXISTS 只是判断子查询中是否有结果返回，它本身没有任何运算或比较。它实际是一种内、外层相关的嵌套查询，只有当内层引用外层的数据，这种查询才有意义。

4.4 分组及计算查询

MySQL 的 SQL 语言是完备的，只要数据是按照关系方式存入数据库中，就能构造出合适的 SQL 命令把它检索出来。在对表中数据进行检索时，经常需要对结果进行汇总或计算，例如在学生成绩管理系统中，求某门课程的平均分、统计分数段的人数等。MySQL 用于计算检索的主要函数如下：

SUM()返回某个列之和；
AVG()返回某列的平均值；
COUNT()返回某列的行数；
MAX()返回某列的最大值；
MIN()返回某列的最小值。

这些函数也称作聚合函数，可以在 SELECT 语句中对查询结果进行计算，或在 HAVING 语句中根据查询结果限定分组。

聚合函数使用的语法格式如下：

SELECT 字段聚合操作

FROM 表名

WHERE 条件

GROUP BY 字段1，字段2，…WITH ROLLUP HAVING 分组条件；

说明：其中字段聚合操作，主要指通过聚合函数，对表中的字段进行汇总或计算操作，包括 SUM(字段名)对字段求和、AVG(字段名)对字段求平均值、COUNT(字段名)记录数、MAX(字段名)对最大值、MIN(字段名)对最小值；GROUP BY 表示要进行分组操作，WITH ROLLUP 表示对分组操作的结果进行再汇总，HAVING 表示对分组结果进行条件过滤。

4.4.1 计算查询

例 4.29 通过"学生信息"表查询学生人数。

SELECT COUNT(xh)

FROM xsxx;

查询结果：

6

说明：COUNT(字段名)中的字段名通常为表中的关键字或*。

例 4.30 在"成绩信息"表中，统计选修课程的人数。

SELECT COUNT(DISTINCT xh) 选课人数

FROM cjxx;

查询结果：

5

在选修课程的信息中，存在一名学生可学习多门课程的记录，所以在统计函数后需要用 DISTINCT 关键字，去掉重复记录。

例 4.31 计算机网络技术专业学生的平均成绩。

SELECT AVG(cj)

FROM cjxx

WHERE xh IN (SELECT xh

　　　　FROM xsxx

　　　　WHERE zy= '网络技术');

查询结果：

81.7143

此查询通过嵌套查询来完成，首先通过内层查询，在"学生信息"表中检索出网络技术专业学生的学号，然后在"成绩信息"表中通过集合操作 IN 把网络技术专业的学生成绩信息检索出来，进行计算。

例 4.32 统计网络基础课程的最高分。

SELECT MAX(cj)

FROM cjxx

WHERE kch IN(

SELECT kch

FROM kcxx

WHERE kcm='网络基础');

查询结果：

96

首先在"课程信息"表中检索出网络基础课程的课程号，然后在"成绩信息"表中通过课程号检索出该课程的成绩，再进行计算。由于网络基础课程号只有一个，所以，内层查询的结果集中只有一个数据，此时 IN 可以用"="完成。

4.4.2 分组查询

通过聚合函数可以完成对表中的数据进行计算查询，而利用 GROUP BY 对数据分组计算查询使用更加广泛。

例 4.33 统计每个专业的人数。

SELECT zy 专业名, COUNT(xh) 人数

FROM xsxx

GROUP BY zy;

查询结果：

网络技术　　4

移动应用　　2

在分组查询时，SELECT 后面一般只允许出现聚合函数计算的字段或 GROUP BY 后面分组的字段，出现其他字段无意义。

例 4.34 检索平均成绩高于 80 分的课程号和平均成绩。

SELECT kch, AVG(cj)

FROM cjxx

GROUP BY kch

HAVING AVG(cj)>=80;

查询结果：

0101　　80.4

HAVING 子句对分组后的数据进行条件过滤，与 WHERE 子句限定的条件不矛盾。

在分类汇总时，有时需要对分类汇总的结果进行再汇总，例如，对例 4.33 中统计出各个专业的学生人数进行再汇总，求各个专业的总人数。此时，需要用 WITH ROLLUP 子句完成，操作语句如下：

SELECT zy 专业名, COUNT(xh) 人数

FROM xsxx

GROUP BY zy

WITH ROLLUP;

查询结果：

移动应用　　2

网络技术　　4

NULL　　　 6

在操作结果中，最后一行是对所有专业学生人数的汇总，但是名称为 NULL，如果想把

NULL换成"总人数"这样的名称，可以通过COALESCE函数来完成。
　　SELECT COALESCE(zy, '总人数') 专业名, COUNT(xh) 人数
　　FROM xsxx
　　GROUP BY zy
　　WITH ROLLUP;
　　查询结果：
　　移动应用　　2
　　网络技术　　4
　　总人数　　　6
　　说明：
　　COALESCE()：返回参数中的第一个非空表达式(从左向右依次类推)。
　　例如：
　　SELECT COALESCE(NULL, 10, 20); // 返回10
　　SELECT COALESCE(NULL, NULL, 5, 6); // 返回5
　　SELECT COALESCE(NULL, 'abc', 'def'); // 返回abc

从"学生信息"表中检索所有学生的学号和姓名；
在"成绩信息"表中检索成绩不及格的学号和课程号；
在"成绩信息"表中检索出成绩为良好(低于90分，并且大于等于80分)的成绩信息；
在"学生信息"表中检索姓王的学生信息；
在"成绩信息"表中检索成绩最高的3条记录；
检索优秀学生的姓名、课程名和成绩；
在"成绩信息"表中查询课程号为"0101"成绩低于课程号为"0102"成绩的学生学号；
检索学生寝室信息，要求将没有寝室的学生信息和没有学生的寝室信息全部显示；
在"学生寝室"表中查询与"刘松"在同一寝室楼的学生信息；
计算机网络技术专业学生的最高分；
检索平均成绩为优秀(大于等于90分)的课程号和平均成绩。

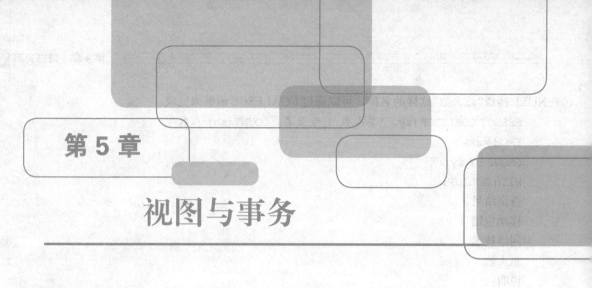

第 5 章

视图与事务

教学目标

1. 掌握 MySQL 视图的概念及应用。
2. 掌握数据库事务的概念和特性，以及使用方法。

学习导航

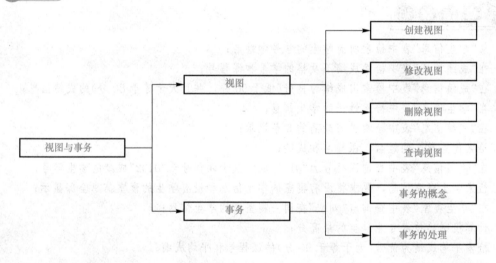

5.1 视图

视图是从一个或几个基本表（或视图）中导出的虚拟的表，是 SQL 的查询结果，其内容由查询定义。同真实的表一样，视图包含一系列带有名称的列和行数据，在使用视图时动态生成。在系统的数据字典中仅存放了视图的定义，不存放视图对应的数据。视图是原始数据库数据的一种变换，是查看表中数据的另外一种方式。视图是从一个或多个实际表中获得的，这些表的数据存放在数据库中。

数据库视图是一个重要的概念，其优势如下：

数据库视图允许简化复杂查询。数据库视图由与许多基础表相关联的 SQL 语句定义。可以使用数据库视图来隐藏最终用户和外部应用程序的基础表的复杂性。通过数据库视图，只需使用简单的 SQL 语句，而不是使用具有多个连接的复杂的 SQL 语句。

数据库视图有助于限制对特定用户的数据访问。若不希望所有用户都可以查询敏感数据的子集，可以使用数据库视图将非敏感数据仅显示给特定用户组。

数据库视图提供额外的安全层。安全是任何关系数据库管理系统的重要组成部分。数据库视图为数据库管理系统提供了额外的安全性。数据库视图允许创建只读视图，以将只读数据公开给特定用户。用户只能以只读视图检索数据，但无法更新。

在关系数据库中，视图也称作窗口，即视图是操作基本表的窗口。在三层数据库体系结构中，视图是外模式，它是基本表派生出来的并依赖于基本表，它不独立存在。

5.1.1 创建视图

CREATE VIEW 视图名 AS SELECT 查询块；

其中，SELECT 查询块可以是任何 SELECT 查询。

例 5.1 在“学生信息”表中，若某个部门需要的学生名单中只有学生的学号和姓名，可以将其建立视图。

```
CREATE VIEW v_xs AS
        SELECT xh, xm
        FROM xsxx;
```

其中 v_xs 是视图的名称，视图定义后，在数据库中如同基本表一样存在，进行各种查询，也可以进行相应修改操作。对于终端用户，有时不需要知道操作的是基本表还是视图。如以后查询学生学号和姓名可以使用以下命令：

```
SELECT xh, xm
FROM v_xs
WHERE xh='20180502';
```

视图可以限定数据的访问，如上例中，通过视图，不能查看学生的出生日期等信息。视图有时简化数据访问。比如，在学生成绩管理时，经常通过姓名和课程名查询某个学生的成绩，而在“成绩信息”表中只有学生的学号和课程号，学生姓名和课程名需要连接其他表来完成，查询不方便。为了解决该问题，可以建立视图。

例 5.2 对“学生信息”“课程信息”“成绩信息”三个表进行连接，建立包含学号、姓名、课程名和成绩的视图。

命令如下：

```
CREATE VIEW v_xscj
AS
    SELECT xsxx.xh, xm, kcm, cj
    FROM xsxx, cjxx, kcxx
    WHERE xsxx.xh=cjxx.xh
    AND kcxx.kch=cjxx.kch;
```

视图数据如图 5.1 所示。

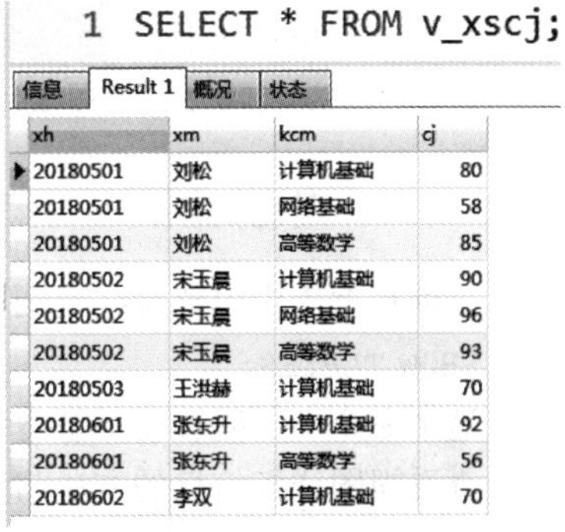
1 SELECT * FROM v_xscj;

信息 Result 1 概况 状态

xh	xm	kcm	cj
20180501	刘松	计算机基础	80
20180501	刘松	网络基础	58
20180501	刘松	高等数学	85
20180502	宋玉晨	计算机基础	90
20180502	宋玉晨	网络基础	96
20180502	宋玉晨	高等数学	93
20180503	王洪赫	计算机基础	70
20180601	张东升	计算机基础	92
20180601	张东升	高等数学	56
20180602	李双	计算机基础	70

图 5.1　视图数据

在视图的 SELECT 子句中可以包含算术表达式或函数，这些表达式或函数与视图的其他列一样对待，由于它们是计算得来的，并不存储在基本表内。

例 5.3 对“学生信息”表进行查询，将查询结果建立视图，视图包含 4 个字段，学号、姓名、性别和年龄，前三个字段直接来源于"学生信息"表，而年龄通过对表中的出生日期进行计算，得到年龄，将查询结果建立视图，命令如下：

```
CREATE VIEW v_xsxx(学号, 姓名, 性别, 年龄)
AS
    SELECT xh, xm, xb, TIMESTAMPDIFF(YEAR, csrq, CURDATE())
    FROM xsxx;
```

视图结果数据如下：

学号	姓名	性别	年龄
20180501	刘松	男	20
20180502	宋玉晨	女	19
20180503	王洪赫	男	20
20180601	张东升	男	20
20180602	李双	女	21
20180603	王东	男	21

5.1.2 修改视图

修改视图有两种方法，使用 ALTER 语句或 CREATE OR REPLACE 语句完成。

(1) 用 ALTER 语句完成修改视图，语法格式如下：

`ALTER VIEW 视图名 AS SELECT 查询块;`

被修改的视图名必须存在，如果不存在，则出错，不能建立新的视图。

(2) 用 CREATE OR REPLACE 语句完成视图修改，语法格式如下：

`CREATE OR REPLACE VIEW 视图名 AS SELECT 查询块;`

说明：CREATE OR REPLACE 修改视图的语句和创建视图的语句完全一样。当视图存在时，修改语句对视图进行修改；当视图不存在时，创建视图。

5.1.3 删除视图

视图是从基本表中派生出来的，所以，不存在修改结构的问题。但是，视图可以删除，删除视图的命令格式如下：

`DROP VIEW 视图1, 视图2, …;`

5.1.4 查询视图

查询数据库中包含哪些视图与查看基本表的方法一样，格式如下：

`SHOW TABLES;`

这个命令不仅能够显示基本表名称，还能够显示视图名称。

查看视图详细信息的方法与查看基本表的方法一样，格式如下：

`SHOW TABLE STATUS;`

这两个命令不仅可以显示表名及表信息，而且会显示出所有视图名称及视图信息。除此之外，使用 SHOW CREATE VIEW 命令可以查看某个视图的定义，格式如下：

`SHOW CREATE VIEW 视图名;`

5.2 事务

5.2.1 事务的概念

可以把完成用户一个特定工作的一组命令看作是一个事务，所以事务即作业或任务。换句话说，事务是构成单一逻辑工作单元的操作集合。

为什么需要事务的概念呢？因为并不是每一个对数据库的完整操作都可以用一条命令来完成，多数情况下都可能需要一组命令来完成一个完整的操作，这就可能会造成在执行这一组命令的过程中发生各种意外情况，如软件出现意外错误，硬件发生意外故障或突然掉电，这些都会使正在进行的操作强制中断。这时候对数据的更新尚未完成，数据既不是当前的正确状态，也不是在此之前某一时刻的正确状态，数据处于"未知"状态。"未知"状态的数据是不可靠的也是不能使用的，必须要能够把这样的数据恢复到修改之前的正确状态。这就是数据恢复问题。

另外，多个用户程序同时操作数据库（并发执行），这些程序可能会交叉使用数据资源，这样它们是否会相互干扰呢？如果产生干扰，数据也会处于"未知"状态。为此，必须有效控制事务的并发执行，使每个事务都能在不受干扰的情况下正常完成相应的操作。这就是并发控制问题。

各事务是一个完整的操作，是一个整体——它或者完全执行，或者完全不执行，这样才能保证数据库不会处于"未知"状态。为此，一个事务完成后应该告知系统，称之为事务的提交（Commit），此时数据库处于操作后的正确状态；如果一个事务未完成，则必须清除该事务对数据的影响，即事务可以撤销（Rollback），从而使数据库处于操作前的正确状态。

需要注意的是，事务和程序是两个不同的概念，各程序可以包含多个事务。

MySQL 事务主要用于处理操作量大、复杂度高的数据。比如，在人员管理系统中，删除一个学生，既需要删除学生的基本资料，也要删除和该学生相关的信息，如成绩、住宿信息等，这样，这些数据库操作语句就构成一个事务。下面举一个简单的例子来说明事务的操作，例如一个银行转账系统，一个完整的转账操作：用户从一个账户转出一定数目资金，再将该数目的资金存入到另一个账户，这样账户资金才会平衡。下面使用 UPDATE 语句完成以上操作。

有一个账户表，见表 5.1。

表 5.1 账户表（account）

账户编号（id）	账户金额（money）
01	10 000
02	10 000

对于第一个账户的操作：
UPDATE account SET money = money- x WHERE id= '01';
对于第二个账户的操作：
UPDATE account SET money = money+ x WHERE id= '02';
在完成转账操作时，以上两条语句要么全部正确执行，要么都不执行。如果，执行完第一条语句后，出现系统故障，第二条语句没有正确执行，就会出现数据错误，造成系统数据不平衡。解决该问题的方法就是要让系统恢复到转账前的开始状态，支持这种操作的就是数据库的事务管理，它的目的就是保证数据的一致性和正确性。

在 MySQL 中只有使用了 Innodb 数据库引擎的数据库或表才支持事务。

事务处理可以用来维护数据库的完整性，保证成批的 SQL 语句要么全部执行，要么全部不执行。

一般来说，事务必须满足 4 个条件(ACID)：原子性(Atomicity，或称不可分割性)、一致性(Consistency)、隔离性(Isolation，又称独立性)、持久性(Durability)。

(1)原子性：一个事务(Transaction)中的所有操作，要么全部完成，要么全部不完成，不会结束在中间某个环节。事务在执行过程中发生错误，会被回滚(Rollback)到事务开始前的状态，就像这个事务从来没有执行过一样。

(2)一致性：事务必须使数据库从一个一致性状态转变到另一个一致性状态，也就是事务开始之前和事务结束以后，数据库的完整性没有被破坏。这表示写入的资料必须完全符合所有的预设规则，这包含资料的精确度、串联性及后续数据库可以自发性地完成预定的工作。

(3)隔离性：数据库允许多个并发事务同时对其数据进行读写和修改的能力，隔离性可以防止多个事务并发执行时由于交叉执行而导致数据的不一致。事务隔离分为不同级别，包括读未提交(Read uncommitted)、读提交(Read committed)、可重复读(Repeatable read)和串行化(Serializable)。

(4)持久性：事务处理结束后，对数据的修改就是永久的，即便系统故障也不会丢失。

5.2.2 事务的处理

1. 事务提交

在 MySQL 默认情况下，SQL 语句是"自动提交"的，即每条 SQL 语句在执行完毕后会自动提交事务。所以，要想多条 SQL 语句在全部执行完毕统一提交事务，需要先关闭 MySQL 的自动提交功能。

可以通过如下命令查看数据库是否开启自动提交功能：

```
SHOW VARIABLES LIKE 'autocommit';
```

在默认情况下，如果开启了自动提交功能，则此时返回的结果为 ON。

```
Variable_name    Value
autocommit       ON
```

可以使用下面命令关闭自动提交功能：

```
SET autocommit= 0;
```

然后查看结果为

```
Variable_name    Value
autocommit       OFF
```

变量 autocommit 的值为 OFF，表示已经关闭自动提交功能。

说明：在 Navicat 中通过执行"SET autocommit=0;"关闭自动提交功能只对当前查询窗口起作用，对其他查询窗口不起作用。因此，在当前窗口中关闭自动提交功能后，只能在当前窗口中执行事务操作。

验证自动提交功能是否关闭，执行一个更新数据表的操作，如：

```
UPDATE  account  SET  money = money - 100  WHERE id='01';
```

在当前窗口中查看，更新后的结果：显示数据表 account 中的 money 字段的值更新了，而通过其他窗口查询该字段的值显示没有更新，说明更新操作的数据没有提交。

在更新数据的窗口中手动提交，执行如下命令：

COMMIT;

在其他窗口中，再查看更新字段的值，显示已经提交。

于是，通过该方法，可以在多条 SQL 语句全部执行完毕后，统一使用该命令进行事务提交。

2. 事务回滚

当操作出现异常，需要恢复到操作前状态，与手动提交相对应的是事务的回滚操作。在执行事务过程中，由于系统故障等原因，导致部分语句执行不成功时，事务中已经成功的语句结果应该回退到未执行状态。

事务回滚命令为

ROLLBACK;

以银行转账业务为例，从 01 账户转账 100 元到 02 账户，这是一个完整事务，需要两步操作：

```
UPDATE  account  SET  money= money - 100  WHERE id='01';
UPDATE  account  SET  money= money + 100  WHERE id='02';
```

如果在第一步完成后，操作出现错误(断电、操作异常等)，使第二步没有完成，此时，01 账户减去了 100 元，而 02 账户却没有收到 100 元。

为了避免这种情况的发生，就将整个操作定义为一个事务，任何操作步骤出现错误，都会回滚到上一次断点位置，避免出现其他错误。

```
# 开始事务，关闭自动提交
SET autocommit=0;
UPDATE  account  SET  money= money - 100  WHERE id='01';
UPDATE  account  SET  money= money + 100  WHERE id='02';
# 提交
COMMIT;
# 回滚
ROLLBACK;
```

3. MySQL 对事务的支持

在执行事务操作时，可以通过"START TRANSACTION;"语句直接开始事务操作，然后设置事务保存点，通过如下命令设置事务保存点。

SAVEPOINT 事务保存点名;

如果需要返回，可使用 ROLLBACK 语句返回到事务保存点，命令格式如下：

ROLLBACK TO 事务保存点;

当执行 ROLLBACK 命令或 COMMIT 命令后，事务操作结束，如需要再开始事务，需要重新执行"START TRANSACTION;"语句。

例 5.4 银行账户转账的事务操作。

```
# 开始事务
START TRANSACTION;
# 设置事务返回点
```

SAVEPOINTa;
转账操作
UPDATE account SET money= money - 100 WHERE id='01';
UPDATE account SET money= money + 100 WHERE id='02';
如果出现错误，返回到事务返回点
ROLLBACK TO a;
查看账户信息
SELECT* FROM account;
操作正确完成，提交数据
COMMIT;

查询学生学号、姓名、课程名和成绩，将查询结果建立视图 v_xsxx。
在视图 v_xsxx 查询不及格的学生姓名和课程名。
以银行账户转账为例，了解事务回滚命令 ROLLBACK 和事务提交 COMMIT 命令的使用。

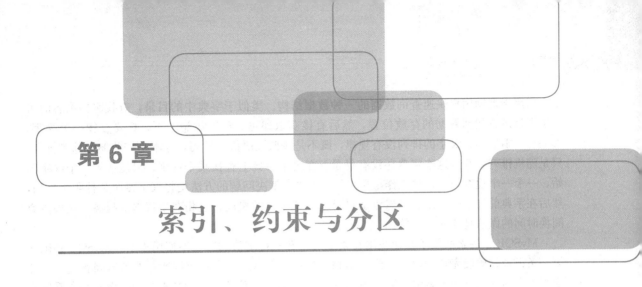

第 6 章

索引、约束与分区

教学目标

1. 熟练掌握数据库索引的概念及应用。
2. 掌握 MySQL 常见的索引的使用方法。
3. 了解数据库分区的概念及 MySQL 数据库分区的应用。

学习导航

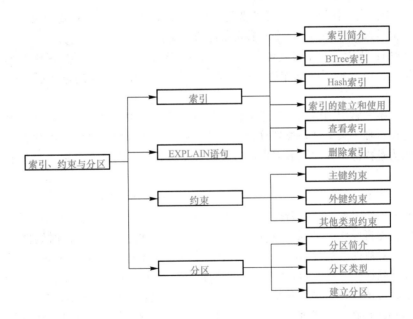

6.1 索引

6.1.1 索引简介

索引是表的目录,在查找内容之前可以先在目录中查找索引位置,以此快速定位查询数据。对于索引,会保存在额外的文件中。对于索引的原理可以理解为以空间换时间。索引是数据库中专门用于帮助用户快速查询数据的一种数据结构。类似于字典中的目录，查找字典内容时可以根据目录查找到数据的存放位置，然后直接获取即可。可以设想一下，想要查找一个汉字，如果有一本字典，汉字的排列没有规律，既不是按照汉语拼音排列，也不是按照偏旁部首排列，只是随机排列；并且这本字典还没有目录。在这本字典上查找某个汉字，只能从第一个汉字开始，一个一个地查找，这种工作量显然是个灾难。解决问题的方法是将汉字按照某种顺序排列，然后在字典前加一个目录。虽然添加目录增加了字典的厚度，但相对于效率的提高，这种以空间换时间的做法是非常有效的。

MySQL 中的索引用于快速找出在某个列中有一特定值的行，不使用索引，MySQL 必须从第一条记录开始读完整个表，直到找出相关的行，表越大，查询数据所花费的时间就越多，如果表中查询的列有一个索引，MySQL 能够快速到达一个位置去搜索数据文件，而不必查看所有数据，那么将会节省很大一部分时间。

数据库在保存数据之外，还维护着满足特定查找算法的数据结构。这些数据结构以某种方式引用(指向)数据，这样就可以在这些数据结构上实现高级查找算法。这种数据结构，就是索引。索引可以大大提高 MySQL 的检索速度。

索引是帮助 MySQL 高效获取数据的数据结构，以文件的形式存在磁盘中(或内存中)，以空间换时间。这个索引文件相当于一本书或字典的目录。如果数据库没有索引，在查询数据时，只能逐条记录全表检索，有多少条记录就进行多少次查询比较，直到全表扫描完毕。

数据库的索引可以划分为以下类型：

(1)普通索引：表中任何字段都可以建立，没有限制；检索机制：查找到第一个满足条件的记录后，继续向后遍历，直到第一个不满足条件的记录。

(2)唯一索引：表上一个字段或者多个字段的组合建立的索引，这些字段组合起来能够确定唯一。检索机制：由于索引定义了唯一性，查找到第一个满足条件的记录后，直接停止继续检索。

普通索引和唯一索引的对比：普通索引查到符合条件的项后会继续查找下一项，如果下一项不符合再返回；唯一索引则是查到符合条件的项后就直接返回。其实这两种方式的效率几乎没有差别，因为查找都是先读取数据项然后在内存中进行的，所以多读取一次并不会带来很大的影响。

但是对于更新操作两者还是有很大区别的，要理解他们之间的区别首先要理解 change buffer。change buffer 是用来记录更新操作的一种行为，在没有把数据项从硬盘读取到内存中时，进行更新操作会先将操作记录到 change buffer 中，在下一次进行 select 的时候再把数据项读取到内存中时，会对数据项执行 change buffer 中的命令，这个过程也称为 merge。所以唯一索引的更新操作往往是这样，首先判断要插入的项在数据库中存不存在，这里就涉及一个读的问题，往往这个时候就会把数据从硬盘读取到内存中。这个时候还使用 change buffer 的意义并不大，因为 change buffer 存在的意义就是减少磁盘于内存的 IO，现在数据项已经在内存中了，可以直接修改，所以，唯一索引是不适用 change buffer 的普通索引的更新操作。普通索引往往是将操作记录到 change buffer 中，在下一次读取的时候执行这些操作，可以显著减少磁盘与内存的 IO 操作，从而提高效率。

选择普通索引和唯一索引的方法如下：

如果是读取远大于更新和插入的表，唯一索引和普通索引都可以，但是如果业务需求相反，应该使用普通索引，当然如果是那种更新完要求立即可见的需求，就是刚更新完就要再查询的，这种情况下不适合普通索引，因为这样会频繁地产生 merge 操作，无法起到 change buffer 的作用。

(3) 主键索引：它是一种特殊的唯一索引，不允许有空值。一般是在建表的时候指定了主键，就会创建主键索引，CREATE INDEX 不能用来创建主键索引，使用 ALTER TABLE 来代替。

(4) 聚集索引：索引中键值的逻辑顺序决定了表中相应行的物理顺序（索引中的数据物理存放地址和索引的顺序是一致的），可以这么理解：只要索引是连续的，那么数据在存储介质上的存储位置也是连续的。

例如：想要到字典上查找一个字，我们可以根据字典前面的拼音找到该字，注意拼音的排列是有顺序的。聚集索引就像我们根据拼音的顺序查字典一样，可以大大地提高效率。在经常搜索一定范围的值时，通过索引找到第一条数据，根据物理地址连续存储的特点，然后检索相邻的数据，直到到达条件截至项。

(5) 非聚集索引：表中记录的物理顺序与键值的索引顺序无关，索引的逻辑顺序与磁盘上的物理存储顺序不同。非聚集索引的键值在逻辑上也是连续的，但是表中的数据在存储介质上的物理顺序是不一致的，即记录的逻辑顺序和实际存储的物理顺序没有任何联系。索引的记录节点有一个数据指针指向真正的数据存储位置。非聚集索引就像根据偏旁部首查字典一样，字典前面的目录在逻辑上也是连续的，但是查两个偏旁在目录上挨着的字时，字典中的字却很可能不是挨着的。

(6) 全文索引：在某个字段设置全文索引后，根据特定语法查找满足条件的字段；主要用来查找文本中的关键字，而不是直接与索引中的值相比较。全文检索在 MySQL 中就是一个 FULLTEXT 类型索引。FULLTEXT 索引可以在 CREATE TABLE 时或之后使用 ALTER TABLE或 CREATE INDEX 在 CHAR、VARCHAR 或 TEXT 列上创建。

(7) 组合索引：用多个列组合构建的索引，但是在使用过程中有诸多规则，遵循最左前缀原则，顺序至关重要。

(8) Hash 索引：（Memory 存储引擎）是通过索引列的值计算出哈希码，之后在相应的物理位置存取索引列的值，由于哈希码的唯一性，因此，Hash 索引不能进行范围查找或者是顺序查找。

6.1.2 BTree 索引

MySQL 的 BTree 索引是建立在 n 叉树（BTree）之上的一种索引方式，由于 BTree 的特点适合磁盘等直接存储设备上的组织动态查找，因此每次以索引进行条件查找时，会根据字段值直接进行检索。MySQL 选择 B+树来做索引，下面介绍 B+树的特点。

B+树索引是 B+树在数据库中的一种实现，是最常见也是数据库中使用最为频繁的一种索引。B+树中的 B 代表平衡（balance），而不是二叉（binary），因为 B+树是从最早的平衡二叉树演化而来的。先了解二叉查找树、平衡二叉树（AVLTree）和平衡多路查找树（B-Tree），B+树即由这些树逐步优化而来。

B-Tree 是为磁盘等外存储设备设计的一种平衡查找树。因此，在讲 B-Tree 之前先了解一下磁盘的相关知识。

系统从磁盘读取数据到内存时是以磁盘块（Block）为基本单位的，位于同一个磁盘块中的数据会被一次性读取出来，而不是需要什么取什么。InnoDB 存储引擎中有页（Page）的概念，页是其磁盘管理的最小单位。InnoDB 存储引擎中默认每个页的大小为 16 KB，可通过参数 innodb_page_size 将页的大小设置为 4 K、8 K、16 K。在 MySQL 中，可通过如下命令查看页的大小："SHOW VARIABLES LIKE'innodb_page_size';"，而系统一个磁盘块的存储空间往往没有这么大,因此,InnoDB 每次申请磁盘空间时都会是若干地址连续磁盘块来达到页的大小 16 KB。InnoDB 在把磁盘数据读入到磁盘时会以页为基本单位,在查询数据时,如果一个页中的每条数据都能有助于定位数据记录的位置,将会减少磁盘 I/O 次数,提高查询效率。B-Tree 结构的数据可以让系统高效地找到数据所在的磁盘块。为了描述 B-Tree,首先定义一条记录为一个二元组[key, data],key 为记录的键值,对应表中的主键值,data 为一行记录中除主键外的数据。对于不同的记录,key 值互不相同。一棵 m 阶的 B-Tree 有如下特性:

(1)每个节点最多有 m 个孩子。
(2)除根节点和叶子节点外,其他每个节点至少有 Ceil(m/2)个孩子。
(3)若根节点不是叶子节点,则至少有 2 个孩子。
(4)所有叶子节点都在同一层,且不包含其他关键字信息。
(5)每个非终端节点包含 n 个关键字信息(p0, p1, …pn, k1, …kn)。
(6)关键字的个数 n 满足:ceil(m/2)-1≤n≤m-1。
(7)ki(i=1,…n)为关键字,且关键字升序排序。
(8)pi(i=1,…n)为指向子树根节点的指针。p(i-1)指向的子树的所有节点关键字均小于 ki,但都大于 k(i-1)。

B-Tree 中的每个节点根据实际情况可以包含大量的关键字信息和分支。

每个节点占用一个磁盘块的磁盘空间,一个节点上有两个升序排序的关键字和三个指向子树根节点的指针,指针存储的是子节点所在磁盘块的地址。两个关键词划分成的三个范围域对应三个指针指向的子树的数据的范围域。如图 6.1 所示,以根节点为例,关键字为 17 和 35,p1 指针指向的子树的数据范围为小于 17,p2 指针指向的子树的数据范围为 17~35,p3 指针指向的子树的数据范围为大于 35。模拟查找关键字 29 的过程:

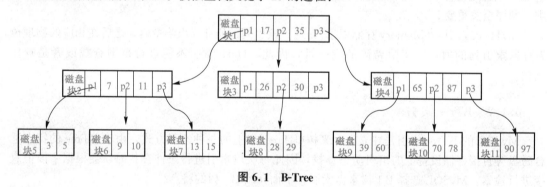

图 6.1　B-Tree

根据根节点找到磁盘块 1,读入内存。磁盘 I/O 操作第 1 次。
比较关键字 29 在区间(17, 35),找到磁盘块 1 的指针 p2。
根据 p2 指针找到磁盘块 3,读入内存。磁盘 I/O 操作第 2 次。
比较关键字 29 在区间(26, 30),找到磁盘块 3 的指针 p2。
根据 p2 指针找到磁盘块 8,读入内存。磁盘 I/O 操作第 3 次。
在磁盘块 8 中的关键字列表中找到关键字 29。

分析上面过程,发现需要 3 次磁盘 I/O 操作,和 3 次内存查找操作。由于内存中的关键字是一个有序表结构,可以利用二分法查找提高效率。而 3 次磁盘 I/O 操作是影响整个 B-Tree 查找效率的决定因素。B-Tree 相对于 AVLTree 缩减了节点个数,使每次磁盘 I/O 取到内存的数据都发挥了作用,从而提高了查询效率。

B+Tree 是在 B-Tree 基础上的一种优化，使其更适合实现外存储索引结构，InnoDB 存储引擎就是用 B+Tree 实现其索引结构。

从 B-Tree 结构图中可以看到每个节点中不仅包含数据的 key 值，还有 data 值。而每一个页的存储空间是有限的，如果 data 数据较大时将会导致每个节点（即一个页）能存储的 key 的数量很小，当存储的数据量很大时，同样会导致 B-Tree 的深度较大，增大查询时的磁盘 I/O 次数，进而影响查询效率。在 B+Tree 中，所有数据记录节点都是按照键值大小顺序存放在同一层的叶子节点上，而非叶子节点上只存储 key 值信息，这样可以大大增加每个节点存储的 key 值数量，降低 B+Tree 的高度。

B+Tree 相对于 B-Tree 有几点不同：

B+节点关键字搜索采用闭合区间；

B+非叶节点不保存数据相关信息，只保存关键字和子节点的引用；

B+关键字对应的数据保存在叶子节点中；

B+叶子节点是顺序排列的，并且相邻节点具有顺序引用的关系。

通常在 B+Tree 上有两个头指针，一个指向根节点，另一个指向关键字最小的叶子节点，而且所有叶子节点（即数据节点）之间是一种链式环结构。因此，可以对 B+Tree 进行两种查找运算：一种是对于主键的范围查找和分页查找，另一种是从根节点开始，进行随机查找。实际情况中每个节点均可能无法填充满，因此在数据库中，B+Tree 的高度一般都在 2~4 层。mysql 的 InnoDB 存储引擎在设计时是将根节点常驻内存的，也就是说，查找某一键值的行记录时最多只需要 1~3 次磁盘 I/O 操作。数据库中的 B+Tree 索引可以分为聚集索引（clustered index）和辅助索引（secondary index）。聚集索引的 B+Tree 中的叶子节点存放的是整张表的行记录数据。辅助索引与聚集索引的区别在于辅助索引的叶子节点并不包含行记录的全部数据，而是存储相应行数据的聚集索引键，即主键。当通过辅助索引来查询数据时，InnoDB 存储引擎会遍历辅助索引找到主键，然后再通过主键在聚集索引中找到完整的行记录数据。

B+Tree 在 MySQL 中采用的是左闭合区间，MySQL 推崇使用 ID 作为索引，由于 ID 是自增的数字类型，只会增大，所以采用向右拓展的一个方式，从根节点进行比对，由于枝节点不保存数据，无所谓命不命中，都要继续走到叶子节点才能加载数据。

MySQL 支持任何数据类型的字段作为索引，索引的长度不仅与数据引擎有关，还与字符编码有关。对于 MYISAM 表，组合索引的长度与各个列总和长度有关。字符编码为 utf8，组合索引长度和不能超过 333，超过则创建失败。单列索引不能超过 333，如果字段超过 333，则最终创建的是前缀索引（即取前 333 个字节）。字符编码为 latin1，组合索引长度和不能超过 1 000，超过则创建失败。单列索引不能超过 1 000，超过则最终创建的是前缀索引（即取前 1 000 个字节）。对于 InnoDB 表，组合索引的长度与各列的长度和无关，与单列的长度有关，且能创建成功。字符编码为 utf8，组合索引长度最大为列数×255，单列索引长度最大为 255。字符编码为 latin1，组合索引长度最大为列数×767，单列索引最大为 767。

MySQL 全文检索是利用查询关键字和查询列内容之间的相关度进行检索，可以利用全文索引来提高匹配的速度。MySQL 对全文检索的条件限制是在 MySQL5.6 以下，只有 MyISAM 表支持全文检索。在 MySQL5.6 以上 InnoDB 引擎表也提供支持全文检索。MySQL 不支持中文全文索引，原因很简单：与英文不同，中文的文字是连着一起写的，中间没有 MySQL 能找到分词的地方，截至目前 MySQL5.6 版本是如此，但是有变通的办法，就是将整句的中文分词，采用 Sphinx/Coreseek 技术处理中文。Sphinx 是国外的一款搜索软件。Coreseek 是在 Sphinx 的基础上，增加了中文分词功能，支持了中文。Coreseek 发布了 3.2.14 版本和 4.1 版本，其中的

3.2.14 版本是 2010 年发布的,它是基于 Sphinx0.9.9 搜索引擎的。而 4.1 版本是 2011 年发布的,它是基于 Sphinx2.0.2 的。

6.1.3 Hash 索引

MySQL 中不同存储引擎的索引工作方式不一样,不同的引擎对于索引有不同的支持:InnoDB 和 MyISAM 默认的索引是 Btree 索引;而 Mermory 默认的索引是 Hash 索引。

Hash 索引基于哈希表实现,只有精确匹配索引所有列的查询才有效,对于每一行数据,存储引擎都会对所有的索引列计算一个哈希码(hash code),哈希码是一个较小的值,大部分情况下不同的键值的行计算出来的哈希码是不同的,但是也会有例外,就是说不同列值计算出来的 Hash 值一样的(即所谓的 Hash 冲突),哈希索引将所有的哈希码存储在索引中,同时在哈希表中保存指向每一个数据行的指针,Hash 很适合做索引,为某一列或几列建立 Hash 索引,就会利用这一列或几列的值通过一定的算法计算出一个 Hash 值,对应一行或几行数据。

哈希算法时间复杂度为 O(1),且不只存在于索引中,每个数据库应用中都存在该数据结构。哈希表也为散列表,又直接寻址改进而来。在哈希的方式下,一个元素 k 处于 h(k)中,即利用哈希函数 h,根据关键字 k 计算出槽的位置。函数 h 将关键字域映射到哈希表 T[0…m−1]的槽位上。

哈希函数 h 有可能将两个不同的关键字映射到相同的位置,这称为碰撞,在数据库中一般采用链接法来解决。在链接法中,将散列到同一槽位的元素放在一个链表中。Hash 索引结构的特殊性,其检索效率非常高,索引的检索可以一次定位,不像 B-Tree 索引需要从根节点到枝节点,最后才能访问到页节点这样多次的 IO 访问,所以,Hash 索引的查询效率要远高于 B-Tree 索引。

既然 Hash 索引的效率要比 B-Tree 高很多,为什么很多存储引擎默认都不用 Hash 索引而还要使用 B-Tree 索引呢?这是因为 Hash 索引有很多限制和弊端:

(1)Hash 索引仅仅能满足"="" IN"和"<=>"查询,不能使用范围查询。例如,WHERE cj<60。由于 Hash 索引比较的是进行 Hash 运算之后的 Hash 值,所以它只能用于等值的过滤,不能用于基于范围的过滤,因为经过相应的 Hash 算法处理之后的 Hash 值的大小关系,并不能保证和 Hash 运算前完全一样。

(2)Hash 索引无法被用来避免数据的排序操作。由于 Hash 索引中存放的是经过 Hash 计算之后的 Hash 值,而且 Hash 值的大小关系并不一定和 Hash 运算前的键值完全一样,所以数据库无法利用索引的数据来避免任何排序运算。

(3)Hash 索引不能利用部分索引键查询。对于组合索引,Hash 索引在计算 Hash 值的时候是组合索引键合并后再一起计算 Hash 值,而不是单独计算 Hash 值,所以,通过组合索引的前面一个或几个索引键进行查询的时候,Hash 索引也无法被利用。

(4)Hash 索引在任何时候都不能避免表扫描。Hash 索引是将索引键通过 Hash 运算之后,将 Hash 运算结果的 Hash 值和所对应的行指针信息存放于一个 Hash 表中,由于不同索引键存在相同 Hash 值,所以,即使取满足某个 Hash 键值的数据的记录条数,也无法从 Hash 索引中直接完成查询,还是要通过访问表中的实际数据进行相应的比较,并得到相应的结果。

(5)Hash 索引遇到大量 Hash 值相等的情况后性能并不一定就会比 B-Tree 索引高。对于选择性比较低的索引键,如果创建 Hash 索引,那么将会存在大量记录指针信息存于同一个 Hash 值相关联。这样要定位某一条记录时就会非常麻烦,会浪费多次表数据的访问,从而造成整体性能低下。

6.1.4 索引的建立和使用

MySQL 建立索引的方式有多种,一种是在建立表的同时建立索引,另一种是在创建表之后,添加索引。

(1)在建立表的同时创建索引的语法格式如下:
CREATE TABLE 表名(
字段名 数据类型[完整性约束条件],
……,
[UNIQUE | FULLTEXT | SPATIAL]INDEX | KEY
[索引名](字段名[(长度)][ASC | DESC])[USING 索引方法]
);

对语法格式的说明如下:
UNIQUE:可选。表示索引为唯一性索引。
FULLTEXT:可选。表示索引为全文索引。
SPATIAL:可选。表示索引为空间索引。
INDEX 和 KEY:用于指定字段为索引,两者选择其中之一就可以了,作用相同。
索引名:可选。给创建的索引取一个新名称。
字段名:指定索引对应的字段的名称,该字段必须是前面定义好的字段。
长度:可选。指索引的长度,必须是字符串类型才可以使用。
ASC:可选。表示升序排列。
DESC:可选。表示降序排列。

例 6.1 在建立"用户信息"表 userinfo 的同时创建普通索引,代码如下:
```
CREATE TABLE userinfo
(
    userid INT,
    username VARCHAR(20),
    INDEX(userid)
);
```
在 userinfo 表中根据字段 userid(用户编号)建立普通索引,userid 必须是表 userinfo 中已经存在的字段,关键字 INDEX 可以换成 KEY,作用相同。在 INDEX 后没有给索引命名,系统默认的索引名字为索引字段的名字,该例中索引默认的名字为 userid,也可建立索引时,重新给索引命名。

例 6.2 在例 6.1 中,建立"用户信息"表 userinfo 的同时创建普通索引,并将索引重新命名为 index_id,代码如下:
```
CREATE TABLE userinfo
(
    userid INT,
    username VARCHAR(20),
    INDEX index_id(userid)
);
```

例 6.3 在建立"用户信息"表 userinfo 的同时创建唯一索引,代码如下:
CREATE TABLE userinfo

```
(
    userid INT,
    username VARCHAR(20),
    UNIQUE INDEX index_id(userid)
);
```
在表 userinfo 的字段 userid 字段上建立唯一索引，建立索引后，在表中插入数据时，不允许有与 userid 相同的记录。

对于唯一(UNIQUE)索引的说明：在建立数据表时，应该首先确定哪一个(或多个)字段能唯一确定一条记录，将其确定为关键字(主键)，用 PRIMARY KEY 说明，主键也是唯一索引，区别只是主键不能取空值，而唯一索引可以取空值；在一个数据表中，主键只有一个，而唯一索引可以有多个。在建立数据表时，若能确定某个字段不能取重复值，应将其确定为唯一索引。因为字段确定唯一索引后，若通过该字段进行检索时会提高访问速度。

例 6.4 在建立"用户信息"表 userinfo 的同时创建全文索引，代码如下：
```
CREATE TABLE userinfo
(
userid INT,
username VARCHAR(20),
info VARCHAR(50),
FULLTEXT INDEX index_info(info)
);
```
建立全文索引的字段一般为字符型或文本型，整型字段不能建立文本索引。如将字段 userid 建立文本索引："FULLTEXT INDEX index_info(userid);"，会出现错误提示"Column'userid' cannot be part of FULLTEXT index"。

例 6.5 若建立表时指定主键，则系统自动建立主键索引，如建立"用户信息"表 userinfo 时指定主键为 userid，则系统自动建立主键索引，代码如下：
```
CREATE TABLE userinfo
(
userid INT PRIMARY KEY,
username VARCHAR(20),
info VARCHAR(50)
);
```
索引的字段为 userid，索引的名字为 PRIMARY。

(2)建立表之后，用 ALTER TABLE 语句添加索引，语法格式如下：
```
ALTER TABLE 表名
    ADD [UNIQUE | FULLTEXT | SPATIAL]
        INDEX | KEY  [索引名](字段名[(长度)][ASC | DESC])[USING    索引方法];
```

例 6.6 建立"用户信息"表 userinfo 后，为表 userinfo 的 userid 字段添加主键索引。
```
CREATE TABLE userinfo
(
    userid INT,
    username VARCHAR(20),
```

```
    info VARCHAR(50)
);
ALTER TABLE userinfo ADD PRIMARY KEY(userid);
```
在添加主键索引时，主键指定的字段在数据表中不能有重复数据，若存在，应该更改后，建立主键索引，否则建立失败，系统错误提示："Duplicate entry'值'for key'userinfo.PRIMARY'"。

例如，在例6.6中，"用户信息"表userinfo中的字段userid若存在重复值，不能建立主键索引，只有将其重复值修改，或删除才能建立主键索引。若不修改可以建立普通索引，普通索引可以有重复键值，语句如下：

```
ALTER TABLE userinfo
    ADD INDEX index_id(userid);
```

例6.7 建立"用户信息"表userinfo后，为表userinfo的userid字段添加唯一索引，索引的名字为：index_id。

```
ALTER TABLE userinfo
    ADD UNIQUE INDEX  index_id(userid);
```

例6.8 建立"用户信息"表userinfo后，为表userinfo的info字段添加全文索引，索引的名字为：index_info。

```
ALTER TABLE userinfo
    ADD FULLTEXT INDEX  index_info(info);
```

(3)建立表之后，可以用CREATE INDEX语句添加索引，语法格式如下：

CREATE ［UNIQUE｜FULLTEXT｜SPATIAL］ INDEX 索引名
ON 表名(字段名)［USING 索引方法］；

例6.9 为例6.8表userinfo的info字段添加全文索引，索引的名字为：index_info，用CREATE INDEX完成。

```
CREATE FULLTEXT INDEX index_info ON userinfo(info);
```

(4)组合索引，在表中的多个字段上建立索引。

CREATE ［UNIQUE｜FULLTEXT｜SPATIAL］ INDEX 索引名
ON 表名(字段名1，字段名2，…)［USING 索引方法］；

例6.10 在"成绩信息"表cjxx中，将表中字段学号(xh)和课程号(kch)作为组合字段，建立唯一索引，索引名字为：index_xh_kch。

```
CREATE TABLE cjxx
(
    xh CHAR(8),
    kch CHAR(4),
    cj INT
);
CREATE UNIQUE INDEX index_xh_kch ON cjxx(xh, kch);
```

在表cjxx中，在xh和kch上建立组合唯一索引后，表示学号＋课程号具有唯一性，即不存在学号和课程号都相同的记录。

将多个字段建立的索引称为组合索引，组合索引又称为复合索引、联合索引。对于组合索引，MySQL从左到右使用索引中的字段，查询可以只使用索引中的一部分，但只能是最左侧部分。

例如，"成绩信息"表结构见表6.1。

表 6.1 "成绩信息"表

学号	课程名	学期	成绩	学号	课程名	学期	成绩
01	数学	1	80	02	英语	1	93
01	数学	2	58	02	英语	2	70
01	英语	1	85	03	数学	1	92
01	英语	2	90	03	数学	2	56
02	数学	1	96	03	英语	1	70
02	数学	2	80	03	英语	2	70

在"成绩信息"中若存在组合索引 KEY INDEX(学号，课程名，学期)，在 MySQL 支持"学号""学号"，"课程名""学号"，"课程名""学期"三种组合方式检索，只能是(学号，课程名，学期)字段的最左侧部分，对于字段组合(课程名，学期)的检索不支持。

举例说明组合索引，组合索引与在英文字典中查找单词相似。例如，查找单词"key"，首先知道单词以字母"k"开头，直接将字典翻到字母"k"开头的位置，然后在此范围内查找第二个字母为"e"的单词，以此类推，直到查到该单词。若只知道单词从第二个字母开始为"e"，然后在英文字典中查找第二个字母为"e"的单词，这种查找没有作用，失去检索的意义。所以，在创建组合索引时，应该仔细考虑字段的顺序。这在检索时，组合索引前面的字段非常有用，检索时效率非常高；若只对后面的字段检索，则组合索引没有什么用。

6.1.5 查看索引

索引建立后，想查看已经建立的索引，可以使用 SHOW INDEX 语句，语句的语法格式如下：

SHOW INDEX FROM 表名；

索引是建立在表的基础上的，SHOW INDEX 语句能够查看指定表上的所建立的全部索引。

例 6.11 查看"成绩信息"表 cjxx 上已建立的索引，语法格式如下：

SHOW INDEX FROM cjxx;

结果如图 6.2 所示。

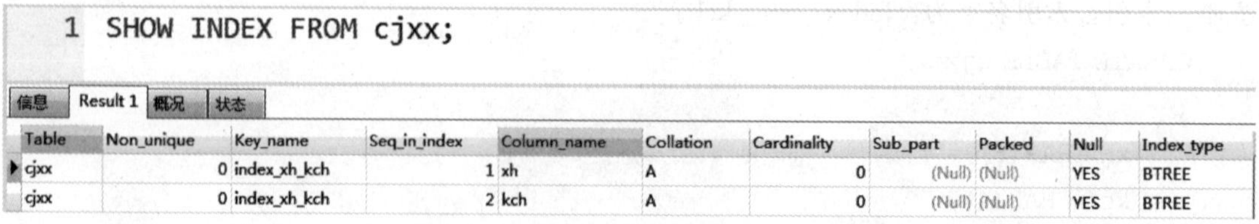

```
1 SHOW INDEX FROM cjxx;
```

Table	Non_unique	Key_name	Seq_in_index	Column_name	Collation	Cardinality	Sub_part	Packed	Null	Index_type
cjxx	0	index_xh_kch	1	xh	A	0	(Null)	(Null)	YES	BTREE
cjxx	0	index_xh_kch	2	kch	A	0	(Null)	(Null)	YES	BTREE

图 6.2 查看索引

结果中，各字段的意义：

(1)Table：建立索引的数据表名称。

(2)Non_unique：是否为唯一索引，0 表示唯一索引，不能包括重复值；1 表示不是唯一索引，可以包括重复值。

(3)Key_name：索引名称，如果名字相同则表明是同一个索引，而并不是重复，比如图 6.2 中索引名称都是 index_xh_kch，表示它是一个联合索引。

(4) Seq_in_index：索引中的列序列号，从 1 开始。如果是联合索引，Seq_in_index 中的值就是表明在联合索引中的顺序，从而就能推断出联合索引中索引的前后顺序。

(5) Column_name：索引的字段名。

(6) Collation：列以什么方式存储在索引中。在 MySQL 中，有值 A(升序)或 Null(无分类)。

(7) Cardinality：索引中唯一值的数目的估计值。通过运行 ANALYZE TABLE 或 myisamchk —a 可以更新。基数根据被存储为整数的统计数据来计数，所以，即使对于小型表，该值也没有必要是精确的。基数越大，当进行联合时，MySQL 使用该索引的机会就越大。

(8) Sub_part：如果列只是被部分地编入索引，则为被编入索引的字符的数目。如果整列被编入索引，则为 NULL。

(9) Packed：指示关键字如何被压缩。如果没有被压缩，则为 Null。

(10) Null：如果列含有 Null，则含有 YES。如果没有，则该列含有 NO。

(11) Index_type：索引类型。MySQL 目前主要有以下几种索引类型，即 FULLTEXT、HASH、BTREE、RTREE。

6.1.6　删除索引

删除索引的语法格式：

```
DROP INDEX 索引名 ON 表名;
```

例 6.12　删除"成绩信息"表 cjxx 上的索引名为 index_xh_kch 的索引。

```
DROP INDEX index_xh_kch ON cjxx;
```

删除主键索引，在建立数据表的同时建立的主键索引，这时主键索引没有名字，不能用 DROP INDEX 语句删除，通过"ALTER TABLE 表名 DROP PRIMARY KEY;"删除。

6.2　EXPLAIN 语句

使用 EXPLAIN 关键字可以模拟优化器执行 SQL 查询语句，从而知道 MySQL 是如何处理 SQL 语句。EXPLAIN 主要用于分析查询语句或表结构的性能瓶颈。

6.2.1　EXPLAIN 语句的用法

在 SELECT 语句之前增加 EXPLAIN 关键字，MySQL 会在查询上设置一个标记，执行查询会返回执行计划的信息，而不是执行 SQL。

使用方法：

```
EXPLAIN  SELECT…FROM…[WHERE…];
```

接下来通过实例，详细讲解一下 EXPLAIN 语句执行时，各个值的含义。

例 6.13　查询学生管理数据库中的"学生信息"表 xsxx，用 EXPLAIN 语句执行查询学生信息，了解 MySQL 是如何处理查询语句的，可以显示 MySQL 如何使用索引来处理 SELECT 语句和连接数据表，可以帮助数据库管理员选择更好的索引和优化查询。

执行语句："EXPLAIN SELECT * FROM xsxx;"。

显示结果如图 6.3 所示。

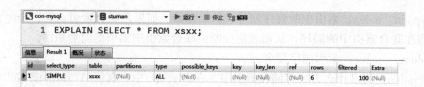

图 6.3 执行 EXPLAIN 语句结果

EXPLAIN 语句中的字段各个值的含义见表 6.2。

表 6.2 EXPLAIN 语句中字段含义

字段名	含义
id	执行编号，表示 SELECT 语句所属的行。如果在语句中没有子查询或关联查询，只有唯一的查询时，则每行显示 1。否则，内层 SELECT 语句一般都会顺序编号，对应其在原始语句中的位置
select_type	表查询类型，显示本行是简单查询还是复杂查询。如果是简单查询标记类型为 SIMPLE，如果查询语句中包含子查询，则最外层的标记类型为 PRIMARY，内层有子查询的相应标识
table	当前是从哪张表获取数据，如果为表指定了别名，则显示别名，如果没有涉及对表的数据读取，则显示 NULL
partitions	在执行查询时，涉及表的哪个分区，如果查询的表没有分区，该字段则显示 NULL
type	表的查询（连接）类型
possible_keys	显示哪一些索引可能有利于高效的查询
key	显示在查询时，实际使用到的索引
key_len	表实际使用索引的长度，单位：字节
ref	表哪些字段或者常量用于连接查找索引上的值
rows	查询预估返回表的行数，属于估算值，不精确
filtered	表经过条件过滤之后与总数的百分比
Extra	额外的说明信息，如 Using index、Using filesort 等

1. id

id 字段是用来顺序标识整个查询中的 SELECT 语句的，在嵌套查询中的 id 值大的语句先执行。id 值越小越为查询的外部，越大越为查询的内部。id 值按照由大到小的顺序执行，如果 id 值相同，自上而下执行。

2. select_type

select_type 字段表示查询的类型，各个值见表 6.3。

表 6.3 查询类型

类型	含义
SIMPLE	简单查询，不包含 UNION 查询或子查询
PRIMARY	包含 UNION 或子查询，位于最外部的查询
UNION	位于 UNION 中第二个及其以后的子查询标记为 UNION，第一个标记为 PRIMARY，如果 UNION 位于 FROM 中，则标记为 DERIVED

续表

类型	含义
DEPENDENT UNION	当出现 UNION 查询时第二个或之后的查询，取决于外部查询
UNION RESULT	用来从匿名临时表里检索结果的查询
SUBQUERY	子查询当中第一个 SELECT 查询
DEPENDENT SUBQUERY	子查询当中第一个 SELECT 查询，取决于外部的查询
DERIVED	衍生表（FROM 子句中的子查询）
MATERIAL IZED	物化子查询
UNCACHEABLE SUBQUERY	结果集无法缓存的子查询，必须重新评估外部查询的每一行
UNCACHEABLE UNION	UNION 中第二个或之后的 SELECT，属于无法缓存的子查询

3. table

table 当前正在访问的表，如果表指定了别名，则显示别名，如果没有涉及对表的数据读取，则显示 NULL，还有如下几种情形：

<unionM，N>：引用 id 为 M 和 N UNION 后的结果。

<derivedN>：引用 id 为 N 的结果派生出的表。派生表可以是一个结果集，例如，派生自 FROM 中子查询的结果。

<subqueryN>：引用 id 为 N 的子查询结果物化得到的表。即生成一个临时表保存子查询的结果。

4. partitions

partitions 字段显示的为分区表命中的分区情况。如果查询的表没有分区，该字段则显示 NULL。

5. type

type 显示的是访问类型，是非常重要的一个指标。该字段常见的类型见表 6.4。

表 6.4 type 字段类型

类型	含义
ALL	全表扫描，性能最差
index	索引全表扫描，把索引从头到尾扫一遍。这里包含两种情况：一种是查询使用了覆盖索引，那么它只需要扫描索引就可以获得数据，其效率要比全表扫描要快，因为索引通常比数据表小，而且还能避免二次查询。另一种，在 extra 中显示 Using index，如果在索引上进行全表扫描，没有 Using index 的提示
range	索引范围查询，常见于使用 =，<>，>，>=，<，<=，IS NULL，<=>，BETWEEN，IN()或者 like 等运算符的查询中
index_subquery	该连接类型类似于 unique_subquery。适用于非唯一索引，可以返回重复值
unique_subquery	用于 where 中的 in 形式子查询，子查询返回不重复值唯一值，可以完全替换子查询，效率更高
index_merge	表示查询使用了两个以上的索引，最后取交集或者并集，常见 and、or 的条件使用了不同的索引，官方排序在 ref_or_null 之后，但是实际上由于要读取多个索引，性能可能大部分时间都不如 range
ref_or_null	跟 ref 类型类似，只是增加了 null 值的比较。实际用得不多

续表

类型	含义
fulltext	使用全文索引的时候是这个类型。要注意,全文索引的优先级很高,若全文索引和普通索引同时存在时,MySQL 不管代价,优先选择使用全文索引
ref	对于来自前面表的每一行,在此表的索引中可以匹配到多行。若连接只用到索引的最左前缀或索引不是主键或唯一索引时,使用 ref 类型(也就是说,此连接能够匹配多行记录)。ref 可用于使用'='或'<=>'操作符做比较的索引列
eq_ref	多表 join 时,对于来自前面表的每一行,在当前表中只能找到一行。这是除了 system 和 const 之外最好的类型。当主键或唯一非 NULL 索引的所有字段都被用作 join 连接时会使用此类型。eq_ref 可用于使用'='操作符做比较的索引列比较的值可以是常量,也可以是使用在此表之前读取的表的列的表达式
const	最多只有一行记录匹配。当联合主键或唯一索引的所有字段跟常量值比较时,join 类型为 const。其他数据库也叫作唯一索引扫描
system	表中只有一行数据或者是空表,这是 const 类型的一个特例。且只能用于 myisam 和 memory 表。如果是 Innodb 引擎表,type 列在这个情况通常都是 all 或者 index
NULL	表示 MySQL 能在优化阶段分解查询语句,在执行阶段甚至用不到访问表或索引

6. possible_keys

possible_keys 字段显示查询使用了哪些索引,表示该索引可以进行高效的查询,但是列出来的索引对于后续的优化意义不大。

7. key

key 显示了 MySQL 在实际查找数据时决定使用的索引,如果该字段值为 NULL,则表明没有使用索引。

8. key_len

key_len 显示了 MySQL 实际使用索引的大小,单位为字节。可以通过 key_len 的大小判断评估复合索引使用了哪些部分。

几种常见字段类型索引长度见表 6.5。假设字符编码为 utf8mb4,如果字段允许为 NULL,则需要额外增加一个字节。

表 6.5 常见字段类型索引长度

类型	字节数
字符型	char(n):4n 个字节
	varchar(n):4n+2 个字节
数值型	tinyint:1 个字节
	smallint:2 个字节
	mediumint:3 个字节
	int:4 个字节
	bigint:8 个字节
时间型	date:3 个字节
	datetime:5 个字节+秒精度字节
	timestamp:4 个字节+秒精度字节

秒精度字节（最大 6 位）：
1～2 位：1 个字节；
3～4 位：2 个字节；
5～6 位：3 个字节。

9. ref

ref 字段显示使用哪个列或常数与 key 列一起从表中选择行。如果是使用的常数等值查询，这里会显示 const；如果是连接查询，被驱动表的执行计划这里会显示驱动表的关联字段；如果是条件使用了表达式或者函数，或者条件列发生了内部隐式转换，这里可能会显示为 func。

10. rows

rows 是 mysql 估算的需要扫描的行数（不是精确值）。这个值非常直观显示 SQL 的效率好坏，原则上 rows 越少越好。

11. filtered

filtered 字段表示存储引擎返回的数据在 server 层过滤后，剩下多少满足查询的记录数量的比例，注意是百分比，不是具体记录数。

12. Extra

Extra 字段是 EXPLAIN 语句中另外一个很重要的字段，有很多额外的信息会在 Extra 字段显示，主要是 MySQL 查询优化器在执行查询的过程中对查询计划的重要补充信息。常见的类型见表 6.6。

表 6.6　Extra 字段类型

类型	含义
Using filesort	MySQL 有两种方式可以生成有序的结果，即通过排序操作或者使用索引，当 Extra 字段显示 Using filesort 时，说明 MySQL 使用了索引。虽然名称为 filesort，但并不是说明就是用文件排序，排序都是在内存中完成的。多数情况利用索引排序更快，所以这时需要考虑优化查询。使用文件完成排序操作，可能是 ORDER BY 或 GROUP BY 语句的执行结果。可以选择利用合适的索引改进性能，用索引为查询结果排序
Using temporary	MySQL 需要创建临时表存放查询结果集。通常发生在有 GROUP BY 或 ORDER BY 子句的语句当中
No exists	MySQL 优化了 LEFT JOIN，一旦它找到了匹配 LEFT JOIN 标准的行，就不再搜索了
Using index	说明查询是覆盖索引，不需要读取数据文件，从索引文件中就可以获得信息
Using index condition	显示采用了 Index Condition Pushdown 特性通过索引去表中获取数据。如果开启 ICP 特性，部分 where 条件可以下推到存储引擎通过索引进行过滤，ICP 可以减少存储引擎访问基表的次数；如果没有开启 ICP 特性，则存储引擎根据索引需要直接访问基表获取数据并返回给 server 层进行 where 条件的过滤
Using where	显示 MySQL 通过索引条件定位之后还需要返回表中获得所需要的数据。Extra 字段显示 Using where 表示 MySQL 服务器将存储引擎返回服务层以后再应用 WHERE 条件过滤
Using join buffer	使用连接缓存：Block Nested Loop，连接算法是块嵌套循环连接；Batched Key Access，连接算法是批量索引连接

续表

类型	含义
impossible where	WHERE 子句的值永远是 false，不能用来获取任何记录
Select tables optimized away	在没有 GROUP BY 子句的情况下，基于索引优化 MIN/MAX 操作，或者对于 MyISAM 存储引擎优化 COUNT(*)操作，不必等到执行阶段再进行计算，查询执行计划生成的阶段即可完成优化
distinct	优化 DISTINCT 操作，在找到第一匹配的记录后即停止找同样的值的动作

6.2.2 SQL 执行过程

1. SQL 语句内部执行过程

MySQL 分为 Server 层和存储引擎层两部分。Server 层包括连接器、分析器、优化器、执行器等，而存储引擎层负责数据的存储和读取。SQL 执行时，会通过连接器建立连接、获取权限；连接器会维持和管理连接。然后，MySQL 会通过分析器对 SQL 语句进行解析，分析语句各部分含义，再按照语法规则判断 SQL 是否符合 MySQL 的语法。经过分析器分析后，MySQL 会对 SQL 请求进行优化器的处理，优化器对语句索引、连接顺序等情况判断，决定使用哪种执行方案最合适。最后，就到了执行器的阶段，执行器根据表的引擎定义，去调用引擎接口，执行 SQL 语句。

2. SQL 语句执行顺序

(1) FROM。对 FROM 的左边的表和右边的表计算笛卡尔积，产生虚拟表 VT1。

(2) ON。对虚拟表 VT1 进行 ON 筛选，只有那些符合条件的行才会被记录在虚拟表 VT2 中。

(3) JOIN。如果指定了外连接(如 left join、right join)，那么保留表中未匹配的行就会作为外部行添加到虚拟表 VT2 中，产生虚拟表 VT3。若 from 子句中包含两个以上的表，则会对上一个 join 连接产生的结果 VT3 和下一个表重复执行步骤(1)～(3)，一直到处理完所有的表为止。

(4) WHERE。对虚拟表 VT3 进行 WHERE 条件过滤。只有符合条件的记录才会被插入到虚拟表 VT4 中。

(5) GROUP BY。根据 group by 子句中的列，对 VT4 中的记录进行分组操作，产生虚拟表 VT5。

(6) AVG，SUM。对虚拟表 VT5 进行 AVG 或者 SUM 操作，产生虚拟表 VT6。

(7) HAVING。对虚拟表 VT6 应用 having 过滤，只有符合条件的记录才会被插入到虚拟表 VT7 中。

(8) SELECT。执行 select 操作，选择指定的列，插入到虚拟表 VT8 中。

(9) DISTINCT。将重复的行从虚拟表 VT8 中移除，产生虚拟表 VT9。

(10) ORDER BY。将虚拟表 VT9 中的记录按照指定列进行排序操作，产生虚拟表 VT10。

(11) LIMIT。取出指定行的记录，产生虚拟表 VT11，并将结果返回。

6.2.3 EXPLAIN 语句查询案例分析

(1) SIMPLE 简单查询。

mysql> EXPLAIN SELECT * FROM xsxx;

执行结果如下:

id	select_type	table	partitions	type	possible_keys	key	key_len	ref	rows	filtered	Extra
1	SIMPLE	xsxx	NULL	ALL	NULL	NULL	NULL	NULL	6	100.00	NULL

(2)根据"性别"字段进行查询,"性别"没有建立索引,字段 type 的值为 ALL。
mysql> EXPLAIN SELECT * FROM xsxx WHERE xb='男';

执行结果如下:

id	select_type	table	partitions	type	possible_keys	key	key_len	ref	rows	filtered	Extra
1	SIMPLE	xsxx	NULL	ALL	NULL	NULL	NULL	NULL	6	16.67	Using where

(3)根据"学号"字段进行查询,"学号"字段建立索引,字段 type 的值为 const。
mysql> EXPLAIN SELECT * FROM xsxx WHERE xh='20180501';

执行结果如下:

id	select_type	table	partitions	type	possible_keys	key	key_len	ref	rows	filtered	Extra
1	SIMPLE	xsxx	NULL	const	PRIMARY	PRIMARY	24	const	1	100.00	NULL

(4)PRIMARY 最外层的查询,SUBQUERY 子查询。
mysql> EXPLAIN SELECT xm FROM xsqs
    ->   WHERE qsbh= (SELECT qsbh
    ->   FROM xsqs WHERE xm='王洪赫');

执行结果如下:

id	select_type	table	partitions	type	possible_keys	key	key_len	ref	rows	filtered	Extra
1	PRIMARY	xsqs	NULL	ALL	NULL	NULL	NULL	NULL	6	16.67	Using where
2	SUBQUERY	xsqs	NULL	ALL	NULL	NULL	NULL	NULL	6	16.67	Using where

在"学生寝室"表中,姓名字段没有建立索引,type 的值为 ALL。

(5)为"学生寝室"表 xsqs 中的 xm(姓名)字段建立唯一索引:"CREATE UNIQUE INDEX index_xm ON xsxx(xm);",然后,执行查询语句。
mysql> EXPLAIN SELECT xm FROM xsqs
    ->   WHERE qsbh= (SELECT qsbh
    ->   FROM xsqs WHERE xm='王洪赫');

执行结果如下:

id	select_type	table	partitions	type	possible_keys	key	key_len	ref	rows	filtered	Extra
1	PRIMARY	xsqs	NULL	ALL	NULL	NULL	NULL	6	16.67	Using where
2	SUBQUERY	xsqs	NULL	const	index_xm	index_xm	62	const	1	100.00	NULL

结果中 type 的子查询的值为 const,possible_keys 的值为 index_xm(索引文件名),key 的值也为 index_xm,ref 的值为 const,rows 的值为 1,执行效率得到很大提高。

(6)上面的外层查询 PRIMARY 的 type 字段的值为 ALL,分析原因是表中 qsbh(寝室编号)

没有建立索引。由于 qsbh 的值不唯一，在该字段上建立普通索引："CREATE INDEX index_qsbh ON xsqs(qsbh);"，然后再执行查询命令，执行结果如下：

```
mysql> EXPLAIN SELECT xm FROM xsqs
    -> WHERE qsbh= (SELECT qsbh
    ->      FROM xsqs  WHERE xm='王洪赫');
```

执行结果如下：

id	select_type	table	partitions	type	possible_keys	key	key_len	ref	rows	filtered	Extra
1	PRIMARY	xsqs	NULL	ref	index_qsbh	index_qsbh	5	const	2	100.00	Using where
2	SUBQUERY	xsqs	NULL	const	index_xm	index_xm	62	const	1	100.00	NULL

结果中 type 的外层查询的值为 ref，possible_keys 的值为 index_qsbh（索引文件名），key 的值也为 index_qsbh，ref 的值为 const，rows 的值为 2，执行效率得到改善。

(7) UNION 查询。

```
mysql> EXPLAIN(SELECT xh, xm FROM xsxx WHERE zy='网络技术')UNION
    -> (SELECT xh, xm FROM xsqs WHERE qsbh IS NULL);
```

执行结果如下：

id	select_type	table	partitions	type	possible_keys	key	key_len	ref	rows	filtered	Extra
1	PRIMARY	xsxx	NULL	ALL	NULL	NULL	NULL	NULL	6	16.67	Using where
2	UNION	xsqs	NULL	ref	index_qsbh	index_qsbh	5	const	2	100.00	Using index condition
NULL	UNION RESULT	<union1,2>	NULL	ALL	NULL	NULL	NULL	NULL	NULL	NULL	Using temporary

(8) 当查询的表为空表。

```
mysql> EXPLAIN SELECT username FROM userinfo WHERE userid=1;
```

执行结果如下：

id	select_type	table	partitions	type	possible_keys	key	key_len	ref	rows	filtered	Extra
1	SIMPLE	NULL	NULL	NULL	NULL	NULL	NULL	NULL	NULL	NULL	no matching row in const table

(9) 当被查询的数据表的数据引擎为"MYISAM"，并且只有一条记录时，执行计划信息字段 type 的值为 system。

建立"用户信息"表 userinfo，数据存储引擎一定要为"MYISAM"（MySQL8.0 默认的存储引擎为 INNODB，所以建表时要加 ENGINE=MYISAM），如果存储引擎为"INNODB"，则执行计划信息字段 type 的值为 const 而不是 system。

```
CREATE TABLE userinfo
(
userid INT PRIMARY KEY AUTO_INCREMENT,
username VARCHAR(20) NOT NULL
```

)ENGINE=MYISAM DEFAULT CHARSET=utf8;

插入一行数据:

INSERT INTO userinfo VALUES(1, 'user1');

分析查询语句:

mysql> EXPLAIN SELECT username FROM userinfo WHERE   userid=1;

执行结果如下:

id	select_type	table	partitions	type	possible_keys	key	key_len	ref	rows	filtered	Extra
1	SIMPLE	userinfo	NULL	system	PRIMARY	NULL	NULL	NULL	1	100.00	NULL

关于执行计划信息字段 type 的值参见上一节相关内容。其结果的值从好到差的次序为

NULL> system> const> eq_ref> fulltext> ref_or_null> index_merge> unique_subquery> index_subquery> range> index> ALL

下面对 type 字段的常用取值做详细介绍。

(1)NULL MySQL 在优化过程中分解语句,执行时甚至不用访问表或索引。

(2)system 被查询的数据表中只有一条数据,当数据表的存储引擎为"MYISAM"时,结果为 system,而存储引擎为"INNODB"时,结果仍然为 const。system 是一种特殊的 const 类型。

(3)const 针对主键或唯一索引的等值查询扫描,最多只返回一条记录。const 查询速度非常快,它只读取一次即可。查询结果或是找到,或是没有。

(4)eq_ref 与 ref 相比,效率高的地方在于它知道这种类型的查找结果集只有一个。它是使用了主键或者唯一性索引进行查找的情况,如根据学号查找"学生信息"表中的一名同学,在没有查找前就知道结果一定只有一个,所以当首次查找到这个学号时,便立即停止了查询。这种连接类型每次都会进行精确查询,无须过多的扫描,因此查找效率更高。当然,列的唯一性是需要根据实际情况决定的。在单个表中,曾尝试了很多方法想出现 ref_eq 的连接类型,然而很多时候出现的都是 const。

mysql> EXPLAIN SELECT *

    -> FROM xsxx, xsqs

    -> WHERE xsxx.xh= xsqs.xh;

执行结果如下:

id	select_type	table	partitions	type	possible_keys	key	key_len	ref	rows	filtered	Extra
1	SIMPLE	xsxx	NULL	ALL	PRIMARY	NULL	NULL	NULL	6	100.00	NULL
1	SIMPLE	xsqs	NULL	eq_ref	PRIMARY	PRIMARY	24	stuman.xsxx.xh	1	100.00	NULL

从上文可以看出,xsxx 表是全表扫描的类型,rows=6 代表外层表循环了 6 次(因为有 6 条数据),但是 xsqs 表的 rows 是 1,这与 mysql 的查询原理息息相关,rows 实际反映的是查询的内循环数,针对外层的每一条数据匹配,xsqs 只要一次就可以命中。因此,rows 为 1,type 的值为 eq_ref。

(5)ref 出现该连接类型的条件:查找条件列使用了索引而且不为主键和 unique。其实,意思就是虽然使用了索引,但该索引列的值并不唯一,有重复。这样即使使用索引快速查找到了第一条数据,仍然不能停止,要进行目标值附近的小范围扫描。但它的好处是它并不需要扫全表,因为索引是有序的,即便有重复值,也是在一个非常小的范围内扫描。

```
mysql> EXPLAIN SELECT *
    -> FROM xsqs, qsxx
    -> WHERE xsqs.qsbh=qsxx.bh;
```

执行结果如下：

id	select_type	table	partitions	type	possible_keys	key	key_len	ref	rows	filtered	Extra
1	SIMPLE	qsxx	NULL	ALL	PRIMARY	NULL	NULL	NULL	4	100.00	NULL
1	SIMPLE	xsqs	NULL	ref	index_qsbh	index_qsbh	5	stuman.qsxx.bh	1	100.00	NULL

从上文可以看出，qsxx 表是全表扫描的类型，rows=4 代表外层表循环了 4 次（因为有 4 条数据满足要求），但是 xsqs 表的 rows 是 1，而 type 的值为 ref，并不是 eq_ref，说明 qsbh 在 xsqs 中的索引不是主键索引或唯一索引，所以可能存在重复值。

(6) range 指的是有范围的索引扫描，相对于 index 的全索引扫描，它有范围限制，因此要优于 index。关于 range 比较容易理解，需要记住的是出现了 range，则一定是基于索引的。这个类型经常出现在 BETWEEN、IN 以及=、<>、>、>=、<、<=等都是索引范围扫描。

```
mysql> EXPLAIN SELECT *
    -> FROM xsxx
    -> WHERE xh BETWEEN '20180501' AND '20180503';
```

执行结果如下：

id	select_type	table	partitions	type	possible_keys	key	key_len	ref	rows	filtered	Extra
1	SIMPLE	xsxx	NULL	range	PRIMARY	PRIMARY	24	NULL	3	100.00	Using where

(7) index 表示全索引扫描(full index scan)，与 ALL 类型相似，只是 ALL 类型是全表扫描，而 index 类型仅扫描所有索引不扫描的数据。index 类型通常应用在以下情况：所要的查询数据直接在索引树中就可以获取到，而不需要扫描数据。此时，Extra 字段会显示 Using index。

```
mysql> EXPLAIN SELECT xh, xm FROM xsxx;
```

执行结果如下：

id	select_type	table	partitions	type	possible_keys	key	key_len	ref	rows	filtered	Extra
1	SIMPLE	xsxx	NULL	index	NULL	index_xm	62	NULL	6	100.00	Using index

(8) all 表示全表扫描，这个类型的查询是性能较差的查询之一。通常，查询不应该出现 ALL 类型查询，因为这样的查询在数据量大的情况下，对数据库的性能是巨大的"灾难"。如果一个查询是 ALL 类型查询，那么一般来说可以对相应字段添加索引来避免。

```
mysql> EXPLAIN SELECT * FROM xsxx;
```

执行结果如下：

id	select_type	table	partitions	type	possible_keys	key	key_len	ref	rows	filtered	Extra
1	SIMPLE	xsxx	NULL	ALL	NULL	NULL	NULL	NULL	6	100.00	NULL

在全表扫描时，possible_keys 和 key 字段的值都是 NULL，表示没有使用索引。在 EXPLAIN 语句输出结果中，possible_keys 字段表示 MySQL 在查询时能够使用到的索引，但不

一定被使用，key 表示 MySQL 正在使用的索引。key_len 字段表示查询优化器使用了索引的字节数。这个字段可以评估组合索引是否完全被使用，或者只有最左部分字段被使用。

```
mysql> EXPLAIN SELECT * FROM test WHERE xh= '0001';
```

id	select_type	table	partitions	type	possible_keys	key	key_len	ref	rows	filtered	Extra
1	SIMPLE	test	NULL	const	PRIMARY, index_uniq_xh, index_xh	PRIMARY	16	const	1	100.00	NULL

从上面执行结果看，possible_keys 字段的值为 PRIMARY、index_uniq_xh、index_xh，表示有三个索引可以使用，key 字段的值为 PRIMARY，表示当前正在使用的主键索引。关于 key_len 字段的值由表的字符编码类型，如 utf8 mb4、utf8、gbk、latin1 及索引字段的类型等因素决定。

例 6.14　在"学生信息"表 xsxx 中查询"网络技术"专业的人数。

表中的字段类型：

xh	char(8)	PRI
xm	varchar(20)	
xb	char(2)	
csrq	date	
zy	varchar(50)	

学号 xh 字段上有主键索引，其他字段没有索引。

解决方案如下：

```
mysql> EXPLAIN SELECT COUNT(*) FROM xsxx WHERE zy='网络技术';
```

id	select_type	table	partitions	type	possible_keys	key	key_len	ref	rows	filtered	Extra
1	SIMPLE	xsxx	NULL	ALL	NULL	NULL	NULL	NULL	6	16.67	Using where

上述方法执行的全表查询，数据量较大情况下，查询效率较低，在专业字段 zy 上建立索引，由于多名学生可能属于一个专业，所以，不能建立唯一索引，只能建立普通索引，建立索引语句如下：

```
CREATE INDEX index_zy ON xsxx(zy);
```

然后再执行查询，执行结果如下：

id	select_type	table	partitions	type	possible_keys	key	key_len	ref	rows	filtered	Extra
1	SIMPLE	xsxx	NULL	ref	index_zy	index_zy	153	const	4	100.00	Using index

显然，执行效率明显提高。

6.2.4　MySQL 优化

MySQL 的优化大体分为三部分，分别为索引优化、SQL 语句优化和表的优化。

1. 索引优化

（1）在创建了多列索引的情况下，查询从索引的最左前列开始且不能跳过索引中的列。最佳左前缀法则就是说如果创建了多个索引，在使用索引时要按照创建索引的顺序来使用，不能缺少或跳过。

(2)不要在索引列上做任何操作,在索引列上做任何操作(计算、函数、类型转换),都会导致索引失效从而转向全表扫描。

(3)存储引擎不能使用索引中范围右边的列,也就是说范围右边的索引列会失效。

(4)尽量使用覆盖索引(查询列和索引列尽量一致,通俗说就是对 A、B 列创建了索引,然后查询中也使用 A、B 列),减少 SELECT * 的使用。

(5)使用不等于(!＝或<>)会使索引失效。

(6)IS NULL 或 IS NOT NULL 也无法使用索引。

(7)LIKE 通配符以％开头会使索引失效。

(8)字符串不加单引号会导致索引失效。

(9)少用 OR,用 OR 连接会使索引失效。

2. SQL 语句优化

(1)查询时,最好不用"*",尽量全写字段名。

(2)多表连接时,最好用小表驱动大表,即小表在前,大表在后,如"小表 JOIN 大表"。

(3)表中数据很多时,最好用 LIMIT 语句分页。

(4)使用 EXPLAIN 语句优化 MySQL 语句执行计划如下。

1)Id 字段。

id 相同:执行顺序由上至下。

id 不同:如果是子查询,id 的序号会递增,id 值越大优先级越高,越先被执行。

id 相同又不同(两种情况同时存在):id 如果相同,可以认为是一组,从上往下顺序执行;在所有组中,id 值越大,优先级越高,越先执行。

2)Type 字段。

访问类型,sql 查询优化中一个很重要的指标,结果值从好到坏依次是:

system> const> eq_ref> ref> fulltext> ref_or_null> index_merge> unique_subquery> index_subquery> range> index> ALL

一般来说,好的 sql 查询至少达到 range 级别,最好能达到 ref。

3)Key 字段。

实际使用的索引,如果为 NULL,则没有使用索引。

查询中如果使用了覆盖索引,则该索引仅出现在 key 列表中。

4)key_len 字段。表示索引中使用的字节数,查询中使用的索引的长度(最大可能长度),并非实际使用长度,理论上长度越短越好。key_len 是根据表定义计算而得的,不是通过表内检索出的。

5)Ref 字段。显示索引的那一列被使用了,如果可能,是一个常量 const。

6)Rows 字段。根据表统计信息及索引选用情况,大致估算出找到所需的记录所需要读取的行数。

7)Extra 字段。

①Using filesort:mysql 对数据使用一个外部的索引排序,而不是按照表内的索引进行排序读取。也就是说 mysql 无法利用索引完成的排序操作称为"文件排序"。

②Using temporary:使用临时表保存中间结果,也就是说 mysql 在对查询结果排序时使用了临时表,常见于 order by 和 group by。

③Using index:表示相应的 select 操作中使用了覆盖索引(Covering Index),避免了访问表的数据行,效率高;如果同时出现 Using where,表明索引被用来执行索引键值的查找;如果没

用同时出现 Using where，表明索引用来读取数据而非执行查找动作。

④Using where：使用了 where 过滤。

⑤Using join buffer：使用了链接缓存。

⑥Impossible WHERE：where 子句的值总是 false，不能用来获取任何记录。

⑦select tables optimized away：在没有 group by 子句的情况下，基于索引优化 MIN/MAX 操作或者对于 MyISAM 存储引擎优化 COUNT(＊)操作，不必等到执行阶段再进行计算，查询执行计划生成的阶段即可完成优化。

⑧DISTINCT：优化 distinct 操作，在找到第一个匹配的元组后即停止找同样值的动作。

6.3 约束

MySQL 使用完整性约束防止不合法数据进入基本表。管理员和开发人员需要定义完整性规则，限制数据表中的数据。

例如，假设在"学生信息"表 xsxx 表中"学号"字段 xh 长度为 8 字符，要求该列的值不能超过 8。如果执行 INSERT 语句或 UPDATE 语句使该列的字符的长度超过 8 个字符，MySQL 将回滚该操作，并返回错误信息。再如"性别"字段 xb 上可以输入"男"或"女"，但如果输入其他汉字，是否能够提示错误，也需要完整性约束来保证数据的合法性。

在定义完整性约束时，一般使用 SQL 语句。当定义和修改时，不需要额外编程。SQL 语句编写很容易，维护比较简单。

完整性约束定义在表上，存储在数据字典中。应用程序的任何数据都必须满足表的相同的完整性约束。通过将商业规则从应用代码中移动到中心完整性约束，数据库的表能够存储合法的数据，并需要了解数据应用是如何操纵信息的。为了防止不符合规范的数据进入数据库，在用户对数据进行插入、修改、删除等操作时，DBMS 自动按照一定的约束条件对数据进行监测，使不符合规范的数据不能进入数据库，以确保数据库中存储的数据正确、有效、相容。

6.3.1 PRIMARY KEY

PRIMARY KEY 称为主键约束。主键是为了保证表中的每一条数据的该字段都是表格中的唯一值。它是用来唯一地确认一个表格中的每一行数据。主键可以包含一个字段或多个字段。当主键包含多个字段时，称为组合键(Composite Key)，也可以称为联合主键。

主键可以在新建表时设定(运用 CREATE TABLE 语句)，或是以更改表结构时设定(运用 ALTER TABLE)。

主键必须唯一，主键值非空；可以是单一字段，也可以是多字段组合。

1. 单字段主键

(1)在主键字段后用 PRIMARY KEY 修饰。

```
CREATE TABLE userinfo
(
    userid INT PRIMARY KEY,
    username VARCHAR(20) NOT NULL
) ENGINE=INNODB DEFAULT CHARSET=utf8;
```

```
mysql> DESC userinfo;
```

Field	Type	Null	Key	Default	Extra
userid	int	NO	PRI	NULL	
username	varchar(20)	NO		NULL	

主键字段 userid 不能插入重复值，如果插入重复值，系统提示主键重复错误。

```
mysql> INSERT INTO userinfo(userid, username) VALUES(1, 'user1');
ERROR 1062(23000): Duplicate entry '1' for key 'userinfo.PRIMARY'
```

主键字段不能为空，如果插入空值，则提示主键不能为空错误。

```
mysql> INSERT INTO userinfo(userid, username) VALUES(NULL, 'user1');
ERROR 1048(23000): Column 'userid' cannot be null
```

(2) 在主键字段后用 NOT NULL UNIQUE 修饰。

```
CREATE TABLE userinfo
(
    userid INT NOT NULL UNIQUE,
    username VARCHAR(20) NOT NULL
)ENGINE=INNODB DEFAULT CHARSET=utf8;
```

(3) 在所有字段后单独定义。

```
CREATE TABLE userinfo
(
    userid INT,
    username VARCHAR(20) NOT NULL,
    PRIMARY KEY(userid)
)ENGINE=INNODB DEFAULT CHARSET=utf8;
```

(4) 给已经建成的表添加主键约束。

```
ALTER TABLE userinfo MODIFY userid INT PRIMARY KEY;
```

2. 多字段主键

```
CREATE TABLE cjxx
(
    xh CHAR(8),
    kch CHAR(4),
    cj INT,
    PRIMARY KEY(xh, kch)
)ENGINE=INNODB DEFAULT CHARSET=utf8;
mysql> DESC cjxx;
```

Field	Type	Null	Key	Default	Extra
xh	char(8)	NO	PRI	NULL	
kch	char(4)	NO	PRI	NULL	
cj	int	YES		NULL	

主键为 xh 和 kch 联合主键，组合后不能重复。
mysql> INSERT INTO cjxx VALUES('20180501', '0101', 80);
ERROR 1062(23000): Duplicate entry '20180501-0101' for key 'cjxx.PRIMARY'

6.3.2 FOREIGN KEY

FOREIGN KEY 称为外键约束，外键约束是为了保证主表中的数据与从表（被参照表）中的数据一致，进而实现外键（FOREIGN KEY）与主键（PRIMARY KEY）之间的对应关系。

外键：如果一个表中的一个字段或若干字段的组合是另一个表的主键则称该字段或组合字段为该表的外键。

例如，对于"寝室信息"表 qsxx 中的编号字段为主键，"学生寝室"表 xsqs 中的寝室编号字段的取值为 qsxx 中的主键的值或者取空值，见表 6.7 和表 6.8。

表 6.7 "寝室信息"表

编号主键	名称	备注
1	第一宿舍楼	男生
2	第二宿舍楼	男生
3	第三宿舍楼	女生
4	第四宿舍楼	

表 6.8 "学生寝室"表

学号	姓名	性别	寝室编号外键
20180501	刘松	男	1
20180502	宋玉晨	女	3
20180503	王洪赫	男	1
20180601	张东升	男	2
20180602	李双	女	NULL
20180603	王东	男	NULL

外键的取值要求：

(1)不能取参照表中不存在的值。例如，"学生寝室"表中寝室编号的取值不能取"寝室信息"表中不存在的寝室编号，即只能取 01～04 之间的值。

(2)可以取空值。

(3)如果参照关系中的主键键值发生改变，则对应的关系表中的外键键值也要进行一致修改。例如，"寝室信息"中的编号如果改变，则"学生寝室"表中的寝室编号也要对应改变。

建立表语句如下：

1. 建立"寝室信息"表

CREATE TABLE qsxx
(
    bh int PRIMARY KEY,
    mc VARCHAR(40) NOT NULL,

```
    bz VARCHAR(20)
)ENGINE= INNODB DEFAULT CHARSET= utf8;
```
表结构：

Field	Type	Null	Key	Default	Extra
bh	int	NO	PRI		
mc	varchar(40)	NO			
bz	varchar(20)	YES		NULL	

2. 建立"学生寝室"表

```
CREATE TABLE xsqs
(
    xh CHAR(8) PRIMARY KEY,
    xm VARCHAR(20) NOT NULL,
    xb CHAR(2),
    qsbh int,
    FOREIGN KEY(qsbh) REFERENCES qsxx (bh)
)ENGINE= INNODB DEFAULT CHARSET=utf8;
```
表结构：

Field	Type	Null	Key	Default	Extra
xh	char(8)	NO	PRI	NULL	
xm	varchar(20)	NO		NULL	
xb	char(2)	YES		NULL	
qsbh	int	YES	MUL	NULL	

外键约束能够保证 xsqs 表中字段 qsbh 的取值只能取 qsxx 表中字段 bh 存在的值，在对 xsqs 数据表执行 INSERT 和 UPDATE 操作时，对外键信息进行一致性检查。

如执行如下操作：

```
UPDATE xsqs1 SET qsbh= 5 WHERE xh='20180501';
```

系统提示错误：

Cannot add or update a child row: a foreign key constraint fails(`stuman`.`xsqs`, CONSTRAINT `xsqs_ibfk_1` FOREIGN KEY(`qsbh`)REFERENCES `qsxx`(`bh`))

注意：与外键相关联的参照关系中的字段取值必须唯一。

"课程"表的表结构：

```
mysql> DESC KC;
```

Field	Type	Null	Key	Default	Extra
kch	char(4)	YES		NULL	
kcm	varchar(20)	NO		NULL	
xs	int	YES		NULL	

建立"学生信息"表：
```
CREATE TABLE xsxx
(
    xh CHAR(8)PRIMARY KEY,
    xm VARCHAR(20)NOT NULL,
    kch CHAR(4),
    FOREIGN KEY(kch)REFERENCES kc(kch)
);
```
系统提示，建立失败，Failed to add the foreign key constraint。失败原因是"课程"表中课程号(kch)取值不唯一，既不是 PRIMARY KEY 也不是 UNIQUE。

在"课程"表中的 kch 字段上添加唯一索引：
```
CREATE UNIQUE INDEX index_kch ON kc(kch);
mysql> DESC KC;
```

Field	Type	Null	Key	Default	Extra
kch	char(4)	YES	UNI	NULL	
kcm	varchar(20)	NO		NULL	
xs	int	YES		NULL	

然后建立"学生信息"表，外键操作成功。

外键关联父表，同步更新，同步删除。例如，"学生寝室"表 xsqs 中的"寝室编号"字段 qsbh（外键）关联"寝室信息"表 qsxx 中的"编号"bh（主键）字段。此时，含有外键的表"学生寝室"称为子表，"寝室信息"表称为父表。在子表和父表关联时，启动同步更新或同步删除，则父表做更新或删除操作时，会影响子表。如删除父表"寝室信息"中的某个寝室，则子表"学生寝室"中外键为该寝室的学生自动删除；同理，如更新"寝室信息"中的某个寝室编号，则子表"学生寝室"中的外键"寝室编号"自动同步更新。

例 6.15 建立"学生寝室"表，与"寝室信息"表同步更新和同步删除。
"寝室信息"表结构与本节相同，建立"学生寝室"表 xsqs 时，语句如下：
```
CREATE TABLE xsqs2
(
    xh CHAR(8) PRIMARY KEY,
    xm VARCHAR(20) NOT NULL,
    xb CHAR(2),
    qsbh int,
FOREIGN KEY (qsbh) REFERENCES qsxx1(bh)
ON DELETE CASCADE    # 级联删除
ON UPDATE CASCADE    # 级联更新
)ENGINE= INNODB DEFAULT CHARSET= utf8;
```
"学生寝室"表如下：
```
mysql> SELECT * FROM  xsqs;
```

xh	xm	xb	qsbh
20180501	刘松	男	1
20180502	宋玉晨	女	3
20180503	王洪赫	男	1
20180601	张东升	男	2
20180602	李双	女	NULL
20180603	王东	男	NULL

"寝室信息"表如下：
mysql> SELECT * FROM qsxx;

bh	mc	bz
1	第一宿舍楼	男生
2	第二宿舍楼	男生
3	第三宿舍楼	女生
4	第四宿舍楼	NULL

将"寝室信息"表中"第一宿舍楼"的编号更改为101。
UPDATE qsxx SET bh=101 WHERE bh= 1;
然后查看"学生寝室"表的情况，"寝室编号"自动更改为101。
mysql> SELECT * FROM xsqs;

xh	xm	xb	qsbh
20180501	刘松	男	101
20180502	宋玉晨	女	3
20180503	王洪赫	男	101
20180601	张东升	男	2
20180602	李双	女	NULL
20180603	王东	男	NULL

删除"寝室信息"表中"第一宿舍楼"这条记录。
DELETE FROM qsxx WHERE bh=101;
然后查看"学生寝室"表情况，"寝室编号"为101的学生自动删除。
mysql> SELECT * FROM xsqs;

xh	xm	xb	qsbh
20180502	宋玉晨	女	3
20180601	张东升	男	2
20180602	李双	女	NULL
20180603	王东	男	NULL

6.3.3　UNIQUE KEY

MySQL 唯一约束（UNIQUE KEY）是指所有记录中字段的值不能重复出现。例如，为 userid 字段加上唯一性约束后，每条记录的 userid 值都是唯一的，不能出现重复的情况。如果其中一条记录的 userid 值为"30001"，那么该表中就不能出现另一条记录的 userid 值也为"30001"。

唯一约束与主键约束相似的是它们都可以确保列的唯一性。不同的是，唯一约束在一个表中可有多个，并且设置唯一约束的列允许有空值，但是只能有一个空值。而主键约束在一个表中只能有一个，且不允许有空值。比如，在考生信息表中，为了避免表中准考证号重复，可以将准考证号设置为唯一约束。

1. 在创建表时设置唯一约束

唯一约束可以在创建表时直接设置，通常设置在除了主键以外的其他列上。

在定义完列之后直接使用 UNIQUE 关键字指定唯一约束，语法格式如下：

<字段名> <数据类型> UNIQUE

例 6.16　建立"考试信息"表 ksxx，表中"学号"xh 为主键，而"准考证号"zkzh、"身份证号"sfzh 都是唯一约束。

```
CREATE TABLE ksxx
(
    xh CHAR(8) PRIMARY KEY,
    xm VARCHAR(20) NOT NULL,
    zkzh VARCHAR(10) UNIQUE KEY,
    sfzh   VARCHAR(18) UNIQUE KEY
)ENGINE= INNODB DEFAULT CHARSET= utf8;
mysql> DESC ksxx;
```

Field	Type	Null	Key	Default	Extra
xh	char(8)	NO	PRI	NULL	
xm	varchar(20)	NO		NULL	
zkzh	varchar(10)	YES	UNI	NULL	
sfzh	varchar(20)	YES	UNI	NULL	

2. 在修改表时添加唯一约束

在修改表时添加唯一约束的语法格式为

ALTER TABLE <数据表名> ADD CONSTRAINT <唯一约束名> UNIQUE(<列名>);

例 6.17　将"考试信息"表 ksxx 中的"姓名"xm 字段添加唯一约束。

```
ALTER TABLE ksxx ADD CONSTRAINT unique_ xm UNIQUE(xm);
```
添加后的表结构：
```
mysql> DESC ksxx;
```

Field	Type	Null	Key	Default	Extra
xh	char(8)	NO	PRI	NULL	
xm	varchar(20)	NO	UNI	NULL	
zkzh	varchar(10)	YES	UNI	NULL	
sfzh	varchar(20)	YES	UNI	NULL	

3. 删除唯一约束

在 MySQL 中删除唯一约束的语法格式如下：

ALTER TABLE< 表名 > DROP INDEX< 唯一约束名 >;

在删除前可以用"SHOW CREATE TABLE 表名;"查看唯一键约束的名字。

例 6.18 删除"考生信息"表 ksxx 中"姓名"xm 字段上的唯一约束。

```
ALTER TABLE ksxx DROP INDEX unique_xm;
```

6.3.4 NOT NULL

NOT NULL 为非空约束，对于表中某字段为 NOT NULL 约束时，在向表中添加数据时，INSERT 语句中必须对该列指定值，不能省略。

在 MySQL 中(NULL)空值与(')不是一回事儿。NULL 就是空，不是空字符，NULL 的长度也是 NULL，不是 0，即 LENGTH(NULL)＝NULL；而空字符的长度为 0，即 LENGTH('')＝0。NOT NULL 表示非空，但可以是空字符。

例 6.19 在 test 表中，字段 xh 为主键，不能为空，xm 可以为空，表结构如下：
```
mysql> DESC test;
```

Field	Type	Null	Key	Default	Extra
xh	char(4)	NO	PRI	NULL	
xm	varchar(10)	YES		NULL	

在表中插入两行数据：
```
INSERT INTO test(xh) VALUES('0 001');
INSERT INTO test(xh, xm) VALUES('0 002', '');
```
插入数据后，查询表中的数据，结果如下：
```
mysql> SELECT* FROM test;
```

xh	xm
0001	NULL
0002	

对于空值的查询条件格式：字段名 IS NULL。例如，查询上表空值记录语句如下：
SELECT *
FROM test
WHERE xm IS NULL;
查询结果如下：

xh	xm
0001	NULL

空值的查询条件不能用"字段＝NULL"。
如果查询空字符，语句如下：
SELECT *
FROM test
WHERE xm= '';
查询结果如下：

xh	xm
0002	

在 MySQL 建表时，除非指定某字段的取值可以为空值(NULL)，否则不建议在表中插入空值，因为这样会降低查询效率。所以在建表时，没有对字段特殊说明可以为空值(NULL)，应该对该字段用 NOT NULL 约束。

6.3.5　CHECK 约束

CHECK 是 MySQL8.0.16 于 2019 年 4 月 25 日发布，终于实现了 CHECK 约束功能。在 MySQL8.0.15 及之前的版本中，虽然 CREATE TABLE 语句允许 CHECK(expr)形式的检查约束语法，但实际上解析之后会忽略该子句。

在以前版本中，为了限制某一字段取值，经常通过 ENUM 类型来实现，例如，限定"性别"字段 xb 取值为'男'或'女'，实现方法为 xb ENUM('男','女')，而在 MySQL8.0.16 以后，可以 CHECK 功能的实现。

例 6.20　建立"学生信息"表，限定学生性别只能取值"男"或"女"。
首先查看 MySQL 的版本：
mysql> SELECT VERSION();

VERSION()
8.0.20

本书应用的 MySQL 的版本为 8.0.20，支持 CHECK。
建立"学生信息"表：
CREATE TABLE xsxx
(

```
    xh CHAR(8) PRIMARY KEY,
    xm VARCHAR(20) NOT NULL,
    xb CHAR(2) CHECK(xb IN('男','女')),
    nl INT
) ENGINE= INNODB DEFAULT CHARSET= utf8;
```

插入语句：

INSERT INTO xsxx(xh, xm, xb, nl) VALUES('20180501','李玉','南', 19);

系统提示：ERROR 3 819(HY000): Check constrainT 'xsxx_chk_1' is violated.

性别："男"写成了"南"，系统对性别进行检测，出现错误。

改正后语句：

mysql> INSERT INTO xsxx(xh, xm, xb, nl) VALUES('20180501','李玉','男', 19);

Query OK, 1 row affected(0.01 sec)

添加数据成功。

限定字段取值范围：

例 6.20 中，限定年龄的取值范围为 0~100 岁，以前的 MySQL 版本通过触发器实现，现在可以通过 CHECK 约束实现。

```
CREATE TABLE xsxx
(
    xh CHAR(8) PRIMARY KEY,
    xm VARCHAR(20) NOT NULL,
    xb CHAR(2) CHECK(xb IN('男','女')),
    nl INTCHECK(nl>=0AND nl<=100)
) ENGINE= INNODB DEFAULT CHARSET= utf8;
```

也可以建立表后通过 ALTER TABLE 语句添加 CHECK 约束。

语法格式如下：

ALTER TABLE 表名 ADD CONSTRAINT 检查约束名 CHECK(条件);

例如：

ALTER TABLE xsxx ADD CONSTRAINT check_nl CHECK(nl>= 0 AND nl<= 100);

删除 CHECK 约束格式如下：

ALTER TABLE 表名 DROP CONSTRAINT 检查约束名;

例如：

ALTER TABLE xsxx DROP CONSTRAINT check_nl;

6.3.6 DEFAULT 默认约束

DEFAULT 是 MySQL 默认值约束，用来指定某字段的默认值。例如，学生中男性同学较多，性别就可以默认为"男"。如果插入一条新的记录时没有为这个字段赋值，那么系统会自动为这个字段赋值为"男"。

例 6.21 建立"学生信息"表，性别默认为"男"，年龄默认 18 岁，语句如下：

CREATE TABLE xsxx

(

```
    xh CHAR(8) PRIMARY KEY,
    xm VARCHAR(20) NOT NULL,
    xb CHAR(2)CHECK(xb IN('男','女')) DEFAULT'男',
    nl INT CHECK(nl>=0 AND nl<=100)DEFAULT 18
)ENGINE=INNODB DEFAULT CHARSET=utf8;
```

查询表结构：

mysql> DESC xsxx;

Field	Type	Null	Key	Default	Extra
xh	char(8)	NO	PRI	NULL	
xm	varchar(20)	NO		NULL	
xb	char(2)	YES		男	
nl	int	YES		18	

插入数据：

INSERT INTO xsxx(xh, xm)VALUES('20190501', '王鹏');

查询结果：

mysql> SELECT * FROM xsxx;

xh	xm	xb	nl
20190501	王鹏	男	18

在"学生信息"表中，性别和年龄字段自动添加了默认值。

也可以在修改表时添加默认值约束，格式如下：

ALTER TABLE 表名

CHANGE COLUMN 原字段名 新字段名 数据类型 DEFAULT 默认值;

例 6.22 将"学生信息"表 xsxx 中的"年龄"字段 nl 的默认值修改为 20。

ALTER TABLE xsxx

CHANGE COLUMN nl nl INT DEFAULT 20;

删除默认值约束格式如下：

ALTER TABLE 表名

CHANGE COLUMN 原字段名 新字段名 数据类型 DEFAULT NULL;

6.4 分区

6.4.1 分区简介

如果一张表的数据量太大，不仅查找数据的效率低下，而且难以找到一块集中的存储来存放。为了解决这个问题，数据库推出了分区的功能。分区是根据一定的规则，数据库把一个表分解成多个更小的、更容易管理的部分。就访问数据库应用而言，逻辑上就只有一个表或者一个索引，但实际上这个表可能由多个物理分区组成，每个分区都是一个独立的对象，可以单独处理，也可以作为表的一部分进行处理。分区对应用来说是完全透明的，不影响应用的业务逻辑。

分区有利于管理非常大的表，它采用分而治之的逻辑，分区引入了分区键的概念，分区键用于根据某个区间值(或范围值)、特定值列表或 hash 函数值执行数据的聚集，让数据根据规则分布在不同的分区中，使一个大对象分解成一些小对象。

下面以 mysql 为例，讲解数据库分区。mysql 数据库中的数据是以文件的形势存在磁盘上的，默认放在/mysql/data 下面，MySQL5.0 版本一张表主要对应着三个文件，一个是 frm 存放表结构的，一个是 myd 存放表数据的，一个是 myi 存放表索引的；MySQL8.0 版本一张表对应一个 idb 文件。如果一张表的数据量太大的话，那么，数据文件就会变得很大，查找数据就会变得很慢，这个时候可以利用 mysql 的分区功能，在物理上将这张表对应的数据文件，分割成许多个小块，如此查找一条数据时，无须全部查找，只需知道这条数据在哪一块，然后在哪一块查找即可。如果表的数据太大，可能一个磁盘放不下，此时可以把数据分配到不同的磁盘里面去。

数据库分区有横向分区和纵向分区两种方式。

数据库中的表是二维表，由行和列组成。每一列称为一个字段，每一行称为一个记录。如果一个表的数据量非常大，例如，一个"学生信息"表，由学号、姓名、性别、出生日期、专业 5 个字段构成，包含 10 000 个学生信息(即 10 000 行)。此时，该数据表是 5 列 10 000 行的二维表。操作时为了提高效率，分成多个表。如果把二维表横着分，每一个小表由 1 000 条记录构成，分成 10 个小表，称为横向分区；如果把二维表竖着分，每个字段一个小表，分 5 个小表，称为纵向分区。MySQL 数据库属于横向分区。

MySQL 分区的优点主要包括以下四个方面：

(1)与单个磁盘或文件系统分区相比，可以存储更多数据。

(2)优化查询。在 where 子句中包含分区条件时，可以只扫描必要的一个或多个分区来提高查询效率；同时在涉及 sum()和 count()这类聚合函数的查询时，可以很容易地在每个分区上并行处理，最终只需要汇总所有分区得到的结果。

(3)对于已经过期或者不需要保存的数据，可以通过删除与这些数据有关的分区来快速删除数据。

(4)跨多个磁盘来分散数据查询，以获得更大的查询吞吐量，分区和水平分表功能类似，将一个大表的数据分割到多张小表中去。由于查询不需要全表扫描了，只需要扫描某些分区，所以，分区能提高查询速度。

MySQL8.0 版本对于分区表功能进行了较大的修改，在 8.0 版本之前，分区表在 Server 层实现，支持多种存储引擎，从 8.0 版本开始，分区表能够移到引擎层实现。目前，MySQL8.0 版本只有 InnoDB 存储引擎支持分区表。如果使用其他存储引擎创建分区表，将会报错。如果在 5.7 及之前的版本里使用非 InnoDB 的分区表，不支持直接升级到 8.0 版本，需要先转换成 InnoDB 表，或删除分区，然后才能升级到 8.0 版本。

6.4.2 MySQL 分区依据

有 city 表，假设根据表的 ID 进行分区，1～5 存在 city＃p＃p0.ibd 中，6～10 存在 city＃p＃p1.ibd 中，11～15 存在 city＃p＃p2.ibd 中，16～20 存在 city＃p＃p3.ibd，分区名称为 p0、p1、p2、p3，分区信息如下所示。

ID	Name	Population	
1	Shenyang	4 265 200	
2	Dalian	2 697 000	
3	Anshan	1 200 000	p0 分区
4	Fushun	1 200 000	
5	Benxi	770 000	
6	Fuxin	640 000	
7	Jinzhou	420 000	
8	Dandong	520 000	p1 分区
9	Liaoyang	492 559	
10	Yingkou	421 589	
11	Panjin	362 773	
12	Jinxi	357 052	
13	Tieling	254 842	p2 分区
14	Wafangdian	251 733	
15	Chaoyang	222 394	
16	Haicheng	205 560	
17	Beipiao	194 301	
18	Tiefa	131 807	p3 分区
19	Kaiyuan	124 219	
20	Xingcheng	102 384	

查询 ID=7 的记录，查询语句如下：
SELECT * FROM p0 WHERE ID=7
UNION
SELECT * FROM p1 WHERE ID=7
UNION
SELECT * FROM p2 WHERE ID=7
UNION

```
SELECT *  FROM p3 WHERE ID=7;
```
采用 UNION 连接符将分区连接在一起，进行全表查询，使得性能下降。为了提高性能，保证每一个 ID 值在一个分区中，在查询之前，首先确定所要查询的数据所在的分区，确定后在分区文件中查找。

所以，分区存储的原则：页面展示数据根据哪个字段查询，就根据相应的字段拆分。这样可以保证在查询时只查一个分区表，而不是全表查询。

6.4.3 分区类型

1. RANGE 分区

RANGE 分区基于一个给定的连续区间范围（区间要求连续并且不能重叠），把数据分配到不同的分区。

根据 ID 的范围进行 RANGE 分区，如下所示：

ID	Name	Population
1	Shenyang	4 265 200
2	Dalian	2 697 000
3	Anshan	1 200 000
4	Fushun	1 200 000
5	Benxi	770 000
6	Fuxin	640 000
7	Jinzhou	420 000
8	Dandong	520 000
9	Liaoyang	492 559
10	Yingkou	421 589
11	Panjin	362 773
12	Jinxi	357 052
13	Tieling	254 842
14	Wafangdian	251 733
15	Chaoyang	222 394
16	Haicheng	205 560
17	Beipiao	194 301
18	Tiefa	131 807
19	Kaiyuan	124 219
20	Xingcheng	102 384

根据 ID 的范围
ID≤=5   p0 分区

ID≤=10   p1 分区
ID≤=15   p2 分区
ID≤=20   p3 分区

如果记录数不确定,最后的分区条件可写成 ID<=MAXVALUE,无论是哪种分区,分区表的主键/唯一键必须包含分区键,即分区所依据的字段必须出现在主键中,否则会报错。

2. LIST 分区

LIST 分区类似于 RANGE 分区,区别在于 LIST 分区是基于列值匹配一个离散值集合中的某个值来选择区分。

根据 ID 的范围进行 LIST 分区,如下所示:

ID	Name	Population
1	Shenyang	4265200
2	Dalian	2697000
3	Anshan	1200000
4	Fushun	1200000
5	Benxi	770000
6	Fuxin	640000
7	Jinzhou	420000
8	Dandong	520000
9	Liaoyang	492559
10	Yingkou	421589
11	Panjin	362773
12	Jinxi	357052
13	Tieling	254842
14	Wafangdian	251733
15	Chaoyang	222394
16	Haicheng	205560
17	Beipiao	194301
18	Tiefa	131807
19	Kaiyuan	124219
20	Xingcheng	102384

根据 ID 中的某个值分区
p0 分区　ID(1,2,3,6,7,8)
p1 分区　ID(4,5,9,10)
p2 分区　ID(11,12,17)
p3 分区　ID(13,14,15,16,18,19,20)

LIST 分区使用时,分区字段的值已经确定,不再增加,并且表中数据个数较少。

3. HASH 分区

基于给定的分区个数,将数据分配到不同的分区,HASH 分区只能针对整数进行,HASH 对于非整型的字段只能通过表达式将其转换成整数。表达式可以是 MySQL 中任意有效的函数或者表达式,对于非整型的 HASH 往表插入数据的过程中会多一步表达式的计算操作,所以,不建议使用复杂的表达式,这样会影响性能。MySQL 支持常规 HASH(HASH)和线性 HASH(LINEAR HASH)两种 HASH 分区。

ID	Name	Population
1	Shenyang	4 265 200
2	Dalian	2 697 000
3	Anshan	1 200 000
4	Fushun	1 200 000
5	Benxi	770 000
6	Fuxin	640 000
7	Jinzhou	420 000
8	Dandong	520 000
9	Liaoyang	492 559
10	Yingkou	421 589
11	Panjin	362 773
12	Jinxi	357 052
13	Tieling	254 842
14	Wafangdian	251 733
15	Chaoyang	222 394
16	Haicheng	205 560
17	Beipiao	194 301
18	Tiefa	131 807
19	Kaiyuan	124 219
20	Xingcheng	102 384

根据 ID 中 Hash 值运算结果：
Hash(ID)％4＝0　p0 分区
Hash(ID)％4＝1　p1 分区
Hash(ID)％4＝2　p2 分区
Hash(ID)％4＝3　p3 分区

4. KEY 分区

KEY 分区和 HASH 分区相似，但是 KEY 分区支持除 text 和 BLOB 外的所有数据类型的分区，而 HASH 分区只支持数字分区，KEY 分区不允许使用用户自定义的表达式进行分区，KEY 分区使用系统提供的 Hash 函数进行分区。当表中存在主键或者唯一键时，如果创建 KEY 分区时没有指定字段系统默认会首选主键列作为分区字列，如果不存在主键列会选择非空唯一键列作为分区列，注意唯一键列作为分区列时，唯一键列不能为 NULL。如果存在多个非空唯一键时，在创建 KEY 分区时，不能采用系统默认列作为分区字列。同样 KEY 分区也存在线性 KEY 分区，概念和线性 HASH 分区一样。

无论是哪种分区类型，分区表的主键/唯一键都必须包含分区键，即分区所依据的字段必须出现在主键中，否则会报错。例如：

```
CREATE TABLE xsxx
(
    xh CHAR(8) PRIMARY KEY,
    xm VARCHAR(20) NOT NULL,
    xb CHAR(2),
```

```
    csrq DATE,
    zy VARCHAR(50)
)ENGINE= INNODB DEFAULT CHARSET=utf8
PARTITION BY KEY(xm);
```

在"学生信息"表 xsxx 中，xh 是主键，当使用 xm 字段作为分区依据时，会显示如下错误：

```
A PRIMARY KEY must include all columns in the table's partitioning function
```

6.4.4 RANGE 分区

RANGE 分区基于一个给定的连续区间范围，早期版本 RANGE 主要是基于整数的分区。在 5.7 版本中 DATE、DATETIME 列也可以使用 RANGE 分区，同时在 5.5 以上的版本提供了基于非整形的 RANGE COLUMN 分区。RANGE 分区必须连续且不能重叠。使用"VALUES LESS THAN()"来定义分区区间，非整形的范围值需要使用单引号，并且可以使用 MAXVALUE 作为分区的最高值。

例 6.23 创建"学生信息"表 xsxx，以"出生日期"字段 csrq 作为分区列。建表语句如下：

```
CREATE TABLE xsxx
(
    xh CHAR(8)NOT NULL,
    xm VARCHAR(20)NOT NULL,
    xb CHAR(2),
    csrq DATE,
    zy VARCHAR(50)
    )ENGINE= INNODB DEFAULT CHARSET=utf8
    PARTITION BY RANGE(year(csrq))(
    PARTITION p0 VALUES LESS THAN(1995),
    PARTITION p1 VALUES LESS THAN(2000),
    PARTITION p2 VALUES LESS THAN(2005),
    PARTITION p3 VALUES LESS THAN MAXVALUE
);
```

在上述语句中，出生日期在 1995 年前的学生记录保存在分区 p0 中，对应的存储文件为 xsxx♯p♯p0.ibd，出生日期从 1996 年到 2000 年的学生记录保存在分区 p1 中，出生日期在 2001 年到 2005 年的学生记录保存在分区 p2 中，2005 年后的学生记录保存在 p3 中。

上面分区语句的分区依据的字段为出生日期，虽然出生日期不是表的主键/唯一键，但是该表没有主键，所以分区成功。语句中"VALUES LESS THAN MAXVALUE"表示出生日期在 2005 年以后的所有记录都保存在 p3 分区中，MAXVALUE 代表最大的可能整数值。

THEN(n)：分区的范围值，这个值只能是连续不重叠的从小到大的值。如上例把分区 p2 的值设置成 1996 时，会显示如下错误：

```
VALUES LESS THAN value must be strictly increasing for each partition
```

测试性能：

执行查询语句：

```
mysql> EXPLAIN SELECT* FROM xsxx WHERE csrq='2000-09-02';
```

id	select_type	table	partitions	type	possible_keys	key	key_len	ref	rows	filtered	Extra
1	SIMPLE	xsxx	p2	ALL	NULL	NULL	NULL	NULL	1	100.00	Using where

从查询结果分析，partitions 字段的值为 p2，直接定位到 p2 分区，而不是全表查找。

将查询条件更改为 csrq>'2000-09-02'，系统根据分区列，能够判断符合查询条件的数据所在的分区为 p2 和 p3，从而提高查询效率，语句如下：

```
mysql> EXPLAIN SELECT * FROM xsxx WHERE csrq> '2000-09-02';
```

id	select_type	table	partitions	type	possible_keys	key	key_len	ref	rows	filtered	Extra
1	SIMPLE	xsxx	p2,p3	ALL	NULL	NULL	NULL	NULL	2	50.00	Using where

系统只对查询条件为分区列时，分区信息才能起作用，如下面语句：

```
mysql> EXPLAIN SELECT* FROM xsxx WHERE xh= '001';
```

id	select_type	table	partitions	type	possible_keys	key	key_len	ref	rows	filtered	Extra
1	SIMPLE	xsxx	p0,p1,p2,p3	ALL	NULL	NULL	NULL	NULL	4	25.00	Using where

系统查询条件为 xh='001'，而 xh 不是分区依据的列，所以通过查询结果分析 partitions 字段的值为 p0、p1、p2、p3，即全表查询。

删除分区，有时在数据库操作过程中，发现某个分区中无记录，或该分区中的数据不再需要，可以将分区删除，删除分区的语法格式如下：

ALTER TABLE 表名 DROP PARTITION 分区名;

例 6.24 删除"学生信息"表 xsxx 中的 p3 分区。

ALTER TABLE xsxx DROP PARTITION p3;

删除后，查询结果：

```
mysql> SELECT partition_name, table_rows
    -> FROM information_schema.`PARTITIONS`
    -> WHERE table_schema='test'AND table_name='xsxx';
```

PARTITION_NAME	TABLE_ROWS
p0	1
p1	1
p2	1

结果中 p3 分区已经删除。

注意：删除分区时，分区中的数据一同删除，所以，删除前查询该分区中的数据，确定不需要时，再将其删除。

上例中，删除 p3 分区后，就不能向"学生信息"表中添加出生日期大于 2005 年的学生信息了。

例如：

```
mysql> INSERT INTO xsxx(xh, xm, csrq)VALUES('004', '张东升', '2006-09-01');
```

添加的学生信息出生日期为 2006-09-01，没有其所在的分区，出现以下错误：

ERROR 1526(HY000): Table has no partition for value 2006

添加分区，若需要的数据没有所在的分区，需要将其添加，添加分区的语法格式如下：
ALTER TABLE 表名 ADD PARTITION (PARTITION 分区名 VALUES LESS THAN MAXVALUE);

例 6.25　将出生日期大于 2005 年的学生信息添加到"学生信息"表 xsxx 中，则需要向 xsxx 表中添加分区，分区名为 p3。
ALTER TABLE xsxx ADD PARTITION (PARTITION p3 VALUES LESS THAN MAXVALUE);
然后执行：
mysql> INSERT INTO xsxx(xh, xm, csrq)VALUES('004', '张东升', '2006-09-01');
Query OK, 1 row affected(0.01 sec)
添加成功。

拆分合并分区统称为重新定义分区，拆分分区不会造成数据的丢失，只会将数据从一个分区移动到另一个分区。

例 6.26　将"学生信息"表的分区进行拆分，拆分前，分区信息如下：
mysql> SELECT partition_name, table_rows
　　-> FROM information_schema.`PARTITIONS`
　　-> WHERE table_schema='test'AND table_name='xsxx';

PARTITION_NAME	TABLE_ROWS
p0	1
p1	1
p2	1
p3	2

拆分前 p3 分区为出生日期高于 2005 年的学生信息。查看表中的信息：
mysql> SELECT * FROM xsxx;

xh	xm	xb	csrq	zy
001	刘松	NULL	1994－05－06	NULL
002	宋玉晨	NULL	1998－12－08	NULL
003	王洪赫	NULL	2001－12－07	NULL
004	张东升	NULL	2006－09－01	NULL
005	李双	NULL	2011－09－01	NULL

学号为 004 和 005 两条记录存在 p3 分区，TABLE_ROWS 记录数为 2。
执行如下语句：
ALTER TABLE xsxx REORGANIZE PARTITION p3 INTO(
　　PARTITION p3 VALUES LESS THAN(2010),
　　PARTITION p4 VALUES LESS THAN MAXVALUE
);
将 p3(2006～MAXVALUE)分区调整为 p3(2006～2010)和 p4(2011～MAXVALUE)两个分区，总的范围没有发生变化，分区调整后对原数据并不起作用。
可以将原数据备份到临时表中，然后将其删除，再将数据恢复，数据重新添加到各个分区中。

将 xsxx 数据备份到 temp_xsxx 中：
CREATE TABLE temp_xsxx SELECT * FROM xsxx;
删除 xsxx 中的数据：
DELETE FROM xsxx;
然后将 temp_xsxx 中的数据恢复到 xsxx 中：
INSERT INTO xsxx SELECT * FROM temp_xsxx;
查看分区情况：
mysql> SELECT partition_name, table_rows
    -> FROM information_schema.`PARTITIONS`
    -> WHERE table_schema='test' AND table_name='xsxx';

PARTITION_NAME	TABLE_ROWS
p0	1
p1	1
p2	1
p3	1
p4	1

注意：无论是拆分还是合并分区都不能改变分区原本的覆盖范围，并且合并分区只能合并连续的分区不能跳过分区合并；并且不能改变分区的类型，例如，不能把 RANGE 分区改成 KEY 分区等。RANGE 分区不能直接针对日期字段进行分区，可以使用时间类型的函数进行转换整型，使用的函数有 year() 和 to_days() 等。当往分区列中插入 NULL 值 RANGE 分区会将其当作最小值来处理，即插入最小的分区中。

RANGE COLUMNS 分区是 5.5 版本开始引入的分区功能，该分区支持整型、日期、字符串。RANGE COLUMNS 和 RANGE 分区的区别如下：

(1)针对日期字段的分区就不需要再使用函数进行转换了，例如，针对 date 字段进行分区不需要再使用 YEAR() 表达式进行转换。

(2)RANGE COLUMNS 分区支持多个字段作为分区键但是不支持表达式作为分区键。

RANGE COLUMNS 支持的类型：

整型支持：TINYINT、SMALLINT、MEDIUMINT、INT、BIGINT；不支持 DECIMAL 和 FLOAT；

时间类型支持：DATE、DATETIME；

字符类型支持：CHAR、VARCHAR、BINARY、VARBINARY；不支持 TEXT、BLOB。

例 6.27 使用 RANGE COLUMNS 对"学生信息"表进行分区。
CREATE TABLE xsxx
(
    xh CHAR(8) NOT NULL,
    xm VARCHAR(20) NOT NULL,
    xb CHAR(2),
    csrq DATE,
    zy VARCHAR(50)

```
)ENGINE= INNODB DEFAULT CHARSET=utf8
PARTITION BY RANGE COLUMNS(csrq)(
PARTITION p0 VALUES LESS THAN('1995-01-01'),
PARTITION p1 VALUES LESS THAN('2000-01-01'),
PARTITION p2 VALUES LESS THAN('2005-01-01'),
PARTITION p3 VALUES LESS THAN MAXVALUE
);
```

RANGE COLUMNS 支持多个字段组合分区，多字段的分区键比较是基于数组的比较。它先用插入的数据的第一个字段值和分区的第一个值进行比较，如果插入的第一个值小于分区的第一个值，那么就不需要比较第二个值就属于该分区；如果第一个值等于分区的第一个值，开始比较第二个值，同样如果第二个值小于分区的第二个值那么就属于该分区。例如：

```
CREATE TABLE rancoltest(
    col1 INT,
    col2 INT
    )
PARTITION BY RANGE COLUMNS(col1, col2)(
    PARTITION p0 VALUES LESS THAN(5, 10),
    PARTITION p1 VALUES LESS THAN(10, 20),
    PARTITION p2 VALUES LESS THAN(15, 30),
    PARTITION p3 VALUES LESS THAN(MAXVALUE, MAXVALUE)
);
```

查看分区情况：

```
mysql> SELECT partition_name, table_rows, partition_expression, partition_description
    -> FROM information_schema.`PARTITIONS`
    -> WHERE table_schema= 'test'AND table_name= 'rancoltest';
```

PARTITION_NAME	TABLE_ROWS	PARTITION_EXPRESSION	PARTITION_DESCRIPTION
p0	0	`col1`,`col2`	5, 10
p1	0	`col1`,`col2`	10, 20
p2	0	`col1`,`col2`	15, 30
p3	0	`col1`,`col2`	MAXVALUE, MAXVALUE

MySQL 可以针对分区表的每个分区指定各自的存储路径，对于 innodb 存储引擎的表只能指定数据路径，因为数据和索引是存储在一个文件当中，这样可以保证每个分区文件存储在不同磁盘中。

例 6.28 将"学生信息"表 xsxx 中的 4 个分区存在 C:/data 中。

```
CREATE TABLE xsxx
(
    xh CHAR(8) NOT NULL,
    xm VARCHAR(20) NOT NULL,
```

```
    xb CHAR(2),
    csrq DATE,
    zy VARCHAR(50)
)ENGINE=INNODB DEFAULT CHARSET=utf8
PARTITION BY RANGE(year(csrq))(
PARTITION p0 VALUES LESS THAN(1995)DATA DIRECTORY='C:/data/p0',
PARTITION p1 VALUES LESS THAN(2000)DATA DIRECTORY='C:/data/p1',
PARTITION p2 VALUES LESS THAN(2005)DATA DIRECTORY='C:/data/p2',
PARTITION p3 VALUES LESS THAN MAXVALUE DATA DIRECTORY='C:/data/p3'
);
```

建立完成后，磁盘上的目录结构为

```
C:\DATA
├─p0
│  └─test
│     xsxx2#p#p0.ibd
├─p1
│  └─test
│     xsxx2#p#p1.ibd
├─p2
│  └─test
│     xsxx2#p#p2.ibd
└─p3
   └─test
      xsxx2#p#p3.ibd
```

6.4.5 LIST 分区

LIST 分区和 RANGE 分区非常相似，主要区别在于 LIST 是枚举值列表的集合，RANGE 是连续的区间值的集合。两者在语法方面非常相似。根据具体数值分区，每个分区数值不重叠，使用 PARTITION BY LIST、VALUES IN 关键字。与 RANGE 分区类似，不使用 COLUMNS 关键字时 LIST 括号内必须为整数字段名或返回确定整数的函数。区别在于 LIST 分区是基于列值匹配一个离散值集合中的某个值来进行选择。

LIST 分区通过使用"PARTITION BY LIST"(表达式)来实现，其中"表达式"是某列值或一个基于某个列值、并返回一个整数值的表达式，然后通过"VALUES IN"(数值列表)的方式来定义每个分区，其中"数值列表"是一个通过逗号分隔的整数列表。

LIST 各个分区枚举的值只需要不同即可，没有固定的顺序。

例 6.29 使用 LIST 对"成绩信息"表 cjxx 进行分区，分区规则：成绩优秀(90~100)的记录存储在 P_A 分区中，成绩合格(60~89)的记录存储在 P_B 分区中，成绩不合格(0~59)的记录存储在 P_C 分区中。

分析：cj 字段的取值范围为 0~100，这样 LIST 列表值太多，不便于一一列举，所以，构造表达式，将成绩除 10 取整，表达式为"cj div 10"，语句如下：

```
CREATE TABLE cjxx
```

```
(
    xh CHAR(8),
    kch CHAR(4),
    cj INT,
    CHECK(cj> =0 AND cj<= 100)
)ENGINE= INNODB DEFAULT CHARSET=utf8
PARTITION BY LIST(cj div 10) (
PARTITION P_A VALUES IN(10, 9),
PARTITION P_B VALUES IN(8, 7, 6),
PARTITION P_C VALUES IN(5, 4, 3, 2, 1, 0)
);
```

当"成绩信息"表中的数据为

mysql> SELECT * FROM cjxx;

xh	kch	cj
20180502	0101	90
20180502	0102	96
20180502	0201	93
20180601	0101	92
20180501	0101	80
20180501	0201	85
20180503	0101	70
20180602	0101	70
20180501	0102	58
20180601	0201	56

则分区信息为

mysql> SELECT partition_name, table_rows, partition_expression, partition_description
    -> FROM information_schema.`PARTITIONS`
    -> WHERE table_schema='test' AND table_name='cjxx';

PARTITION_NAME	TABLE_ROWS	PARTITION_EXPRESSION	PARTITION_DESCRIPTION
P_A	4	`cj` DIV 10	10, 9
P_B	4	`cj` DIV 10	8, 7, 6
P_C	2	`cj` DIV 10	5, 4, 3, 2, 1, 0

LIST 分区数据维护，例如，想删除不合格的成绩记录，根据分区信息，不合格成绩记录在 P_C 分区中，只需删除该分区即可，语句如下：

```
ALTER TABLE cjxx DROP PARTITION P_C;
```
与执行删除表中数据的语句结果相同,执行删除表中数据的语句为
```
DELETE FROM cjxx WHERE cj<60;
```
但是,通过删除分区来删除成绩记录的效率比删除表中数据的效率高得多。

对时间字段进行 LIST 分区:

例 6.30 建立"学生信息"表 xsxx,对"出生日期"字段 csrq 采用 LIST 分区。

```
CREATE TABLE xsxx
(
    xh CHAR(8) NOT NULL,
    xm VARCHAR(20) NOT NULL,
    xb CHAR(2),
    csrq DATE,
    zy VARCHAR(50)
)ENGINE= INNODB DEFAULT CHARSET= utf8
PARTITION BY LIST(year(csrq))(
PARTITION p0 VALUES IN(1998, 1999),
PARTITION p1 VALUES IN(2000, 2001),
PARTITION p2 VALUES IN(2002, 2003),
PARTITION p3 VALUES IN(2004, 2005)
);
```

测试性能:

执行查询语句:

```
mysql> EXPLAIN SELECT * FROM xsxx WHERE csrq='2000-01-01';
```

id	select_type	table	partitions	type	possible_keys	key	key_len	ref	rows	filtered	Extra
1	SIMPLE	xsxx	p1	ALL	NULL	NULL	NULL	NULL	1	100.00	Using where

通过性能测试,partitions 字段的值为 p1,直接定位到 p1 分区,而不是全表查找,效率明显提高。

LIST 分区没有"VALUES LESS THAN MAXVALUE"这样的语句,如果试图插入的值(或分区表达式的返回值)不在分区列表中,则 INSERT 插入语句会失败并报错。

例如,执行下面语句:

```
INSERT INTO xsxx(xh, xm, csrq)VALUES('20190501', '王鹏', '2006-01-01');
```

出生日期为 2006 年,在分区列表中没有,所以,在执行时,系统提示:

```
Table has no partition for value 2006
```

若要执行该操作,可以添加分区:

```
ALTER TABLE xsxx ADD PARTITION(PARTITION p4 VALUES IN (2006));
```

然后执行添加语句,执行后结果:

"学生信息"表 xsxx 中的信息,成功添加到表中:

```
mysql> SELECT * FROM xsxx;
```

xh	xm	xb	csrq	zy
20180503	王洪赫	男	1999-09-12	网络技术
20180602	李双	女	1999-04-23	移动应用
20180603	王东	男	1999-05-08	网络技术
20180501	刘松	男	2000-05-03	网络技术
20180502	宋玉晨	女	2000-10-15	网络技术
20180601	张东升	男	2000-05-08	移动应用
20190501	王鹏	NULL	2006-01-01	NULL

分区中的信息为

```
mysql> SELECT partition_name, table_rows
    -> FROM information_schema.`PARTITIONS`
    -> WHERE table_schema='test' AND table_name='xsxx';
```

PARTITION_NAME	TABLE_ROWS
p0	3
p1	3
p2	0
p3	0
p4	1

从分区查询结果可以看出，该记录已经成功添加到 p4 分区中。

LIST 分区与 RANGE 分区相似，也有 LIST COLUMNS 分区类型。LIST COLUMNS 分区对非整型字段进行分区就无须使用函数对字段处理成整型，所以，对非整型字段进行分区建议选择 COLUMNS 分区。

例 6.31 将例 6.30 中的"学生信息"表 xsxx，对"出生日期"字段 csrq 采用 LIST COLUMNS 分区实现。

```
CREATE TABLE xsxx
(
    xh CHAR(8) NOT NULL,
    xm VARCHAR(20) NOT NULL,
    xb CHAR(2),
    csrq DATE,
    zy VARCHAR(50)
)ENGINE= INNODB DEFAULT CHARSET=utf8
PARTITION BY LIST COLUMNS(csrq) (
PARTITION p0 VALUES IN('1998-01-01', '1999-01-01'),
PARTITION p1 VALUES IN('2000-01-01', '2001-01-01'),
PARTITION p2 VALUES IN('2002-01-01', '2003-01-01'),
PARTITION p3 VALUES IN('2004-01-01', '2005-01-01')
);
```

但是这种做法并不实用，要求插入到表中的出生日期必须与列表中的年月日完全一致，否则就会出现没有分区错误。

6.4.6 HASH 分区

HASH 分区的目的是将数据按照某列进行 HASH 计算后更加均匀地分散到各个分区，相较 RANGE 和 LIST 分区来说，HASH 分区不需要明确指定一个给定的列值或列值集合。应该保存在哪个分区，MySQL 会自动按照 HASH 计算后完成这些工作，只需要基于将要进行 HASH 的列值指定一个列或者表达式，以及可选的指定要分区的表总的分区数量。

要使用 HASH 分区来分割一个表，要在 CREATE TABLE 语句上添加一个"PARTITION BY HASH(expr)"子句，其中"expr"是一个返回一个整数的表达式。它可以仅仅是字段类型为 MySQL 整型的一列的名字。另外，很可能需要在后面再添加一个"PARTITIONS num"子句。其中，num 是一个非负的整数，表示表将要被分割成分区的数量。如果没有包括一个 PARTITIONS子句，那么分区的数量将默认为1。

常规 HASH 是基于分区个数的取模（％）运算。根据余数插入到指定的分区。

例 6.32 创建"学生信息"表 xsxx，利用表的整型字段 id 进行分区，分区数量为 4。建表语句如下：

```
CREATE TABLE xsxx
(
    id INT PRIMARY KEY AUTO_INCREMENT,
    xh CHAR(8) NOT NULL,
    xm VARCHAR(20) NOT NULL,
    xb CHAR(2),
    csrq DATE,
    zy VARCHAR(50)
)ENGINE=INNODB DEFAULT CHARSET=utf8
PARTITION BY HASH(id)PARTITIONS 4;
```

向表中添加数据，将 stuman 数据库中的 xsxx 中的数据插入到该表中：

```
INSERT INTO xsxx(xh, xm, xb, csrq, zy)SELECT * FROM stuman.xsxx;
```

查询结果如下：

```
mysql> SELECT * FROM xsxx ORDER BY id;
```

id	xh	xm	xb	csrq	zy
1	20180501	刘松	男	2000-05-03	网络技术
2	20180502	宋玉晨	女	2000-10-15	网络技术
3	20180503	王洪赫	男	1999-09-12	网络技术
4	20180601	张东升	男	2000-05-08	移动应用
5	20180602	李双	女	1999-04-23	移动应用
6	20180603	王东	男	1999-05-08	网络技术

分区信息如下：

```
mysql> SELECT partition_name, partition_method, partition_expression,
table_rows
    -> FROM information_schema.`PARTITIONS`
    -> WHERE table_schema='test' AND table_name='xsxx';
```

PARTITION_NAME	PARTITION_METHOD	PARTITION_EXPRESSION	TABLE_ROWS	
p0	HASH	`id`	1	id MOD 4=0
p1	HASH	`id`	2	id MOD 4=1
p2	HASH	`id`	2	id MOD 4=2
p3	HASH	`id`	1	id MOD 4=3

常规 HASH 分区使用的是取模算法[MOD(expr, num)算法]，上例中 num 的值为 4。按照 id MOD 4 的运算结果，将各条记录保存到相应的分区中。

若执行下面的语句，向表中添加数据：

INSERT INTO xsxx(xh, xm, xb, csrq, zy)

VALUES ('20190501', '王鹏', '男', '2005-01-01', '移动应用');

由于表中 id 为 AUTO_INCREMENT 类型，所以这条记录的 id 值为 7，按照 HASH 算法：7 MOD 4 结果为 3，该记录应该保存到 p3 分区中。

HASH 分区只能匹配整数列表，若为其他类型，需要通过函数运算，将其转换为整数。

例 6.33 创建"学生信息"表 xsxx，利用表的"出生日期"字段 csrq 进行分区，分区数量为 4。建表语句如下：

```
CREATE TABLE xsxx
(
    id INT NOT NULL,
    xh CHAR(8) NOT NULL,
    xm VARCHAR(20) NOT NULL,
    xb CHAR(2),
    csrq DATE,
    zy VARCHAR(50)
)ENGINE=INNODB DEFAULT CHARSET=utf8
PARTITION BY HASH(year(csrq))PARTITIONS 4;
```

说明：字段 csrq 为 DATE 类型，通过函数 year( ) 运算将其转换为整型数据；字段 id 后 PRIMARY KEY AUTO_INCREMENT 修饰必须去掉，因为分区依据的列应该为主键/唯一键，若表中没有主键/唯一键时，可以为其他字段。

常规 HASH 分区的优点是分区非常简便，通过取模的方式可以让数据非常平均地分布到每一个分区，其缺点是由于分区在创建表的时候已经固定了，如果新增或收缩分区的数据迁移比较大。例如，原来有 4 个 HASH 分区，现在需要增加 1 个 HASH 分区，分区数 num 由 4 变为 5，表中的数据都需要重新通过 MOD(expr, num)计算并分区，为解决这个问题，MySQL 提供了线性 HASH 分区。

线性HASH分区采用2的幂(powers—of—two)的运算法则,线性HASH分区在PARTITION BY子句中添加LINEAR关键字即可。线性HASH分区的优点在于增加、删除、合并和拆分分区将变得更加快捷,有利于处理极其大量的数据的表,其缺点在于数据可能分布得不太均匀。由于线性HASH分区算法较烦琐,下面通过具体实例进行讲解。

例6.34 使用线性HASH分区,创建学生信息表,分区个数为6。

建表语句如下:

```
CREATE TABLE xsxx
(
    id INT NOT NULL,
    xh CHAR(8) NOT NULL,
    xm VARCHAR(20) NOT NULL,
    xb CHAR(2),
    csrq DATE,
    zy VARCHAR(50)
)ENGINE=INNODB DEFAULT CHARSET=utf8
PARTITION BYLINEAR HASH(year(csrq))PARTITIONS 6;
```

系统根据线性HASH算法,被分成6个分区。

线性HASH算法:假设分区个数num,N表示数据最终存储的分区编号,LOG()是计算num以2为底的对数,CEIL()是向上取整,POWER()是取2的次方值,values为HASH表达式的值,& 为与运算。

```
V= POWER(2, CEIL(LOG(2, num)))
N= values & (V-1);
while   N>= num
N = N &(CEIL(V / 2)- 1);
```

现向xsxx表中插入数据:

```
INSERT INTO xsxx(id, xh, xm, xb, csrq, zy)
VALUES(1, '20190501', '王鹏', '男', '2005-01-01', '移动应用');
```

执行线性HASH算法:

本例中num=6;

LOG(2,num)的值为2.584 962 500 721 156;

CEIL(LOG(2,6))的值为3;

V=POWER(2,CEIL(LOG(2,num)))的值为POWER(2,3),结果为8;

values在本例中为year('2005—01—01'),值为2005;

N=values &(V—1)的值为2005 &(8—1),结果为5。

执行"while N>=num",计算表达式"5>=6"结果为假(false),N=5即p5数据所在的分区。

查看分区情况:

```
mysql> SELECT partition_ name, partition_ method, partition_ expression, table_ row
    -> FROM information_ schema.`PARTITIONS`
    -> WHERE table_ schema='test'AND table_ name='xsxx';
```

PARTITION_NAME	PARTITION_METHOD	PARTITION_EXPRESSION	TABLE_ROWS
p0	LINEAR HASH	year(`csrq`)	0
p1	LINEAR HASH	year(`csrq`)	0
p2	LINEAR HASH	year(`csrq`)	0
p3	LINEAR HASH	year(`csrq`)	0
p4	LINEAR HASH	year(`csrq`)	0
p5	LINEAR HASH	year(`csrq`)	1

分区 p5 的 TABLE_ROWS 的值为 1，即插入的数据存在 p5 分区中。

再向表中插入语句：

INSERT INTO xsxx(id, xh, xm, xb, csrq, zy)
VALUES(2, '20190502', '李双', '女', '2007-12-01', '移动应用');

执行线性 HASH 算法：

num=6

V 的值与上例相同，值为 8。

values 在本例中为 year('2007－12－01')，值为 2007。

N=values &(V－1)的值为 2007 &(8－1)，结果为 7。

执行"while N>=num"，计算表达式"7>=6"，结果为真(true)，继续执行"N=N &(CEIL(V/2)－1);"

"N=7 &(CEIL(V/2)－1)"，计算得"N=7 &(CEIL(8/2)－1)"，"N=7 & 3"结果为 3，"3>=6"结果为假(false)，N=3 即 p3 数据所在的分区。

查看分区情况：

mysql> SELECT partition_ name, partition_ method, partition_ expression, table_ rows
    -> FROM information_ schema.`PARTITIONS`
    -> WHERE table_ schema= 'test'AND table_ name='xsxx';

PARTITION_NAME	PARTITION_METHOD	PARTITION_EXPRESSION	TABLE_ROWS
p0	LINEAR HASH	year(`csrq`)	0
p1	LINEAR HASH	year(`csrq`)	0
p2	LINEAR HASH	year(`csrq`)	0
p3	LINEAR HASH	year(`csrq`)	1
p4	LINEAR HASH	year(`csrq`)	0
p5	LINEAR HASH	year(`csrq`)	1

分区 p3 的 TABALE_ROWS 的值为 1，即插入的数据存在 p3 分区中。

常规 HASH 和线性 HASH 的增加收缩分区的原理是一样的。增加和收缩分区后原来的数据会根据现有的分区数量重新分布。HASH 分区不能删除分区，所以，不能使用 DROP PARTITION操作进行分区删除操作。

如执行："ALTER TABLE xsxx DROP PARTITION p2；MySQL"，系统提示删除分区错误：

DROP PARTITION can only be used on RANGE/LIST partitions

可以通过 ALTER TABLE 表名 COALESCE PARTITION num 来合并分区，这里的 num 是减去的分区数量；也可以通过"ALTER TABLE 表名 ADD PARTITION PARTITIONS num"来增加分区。

例如：将"学生信息"表的分区数增加 2 个。
ALTER TABLE xsxx ADD PARTITION partitions 2;
分区增加后，对表中的数据需要重新调整，关于调整的方法参见例 6.26。

6.4.7 KEY 分区

MySQL 簇（Cluster）使用函数 MD5()来实现 KEY 分区；对于使用其他存储引擎的表，服务器使用其自己内部的哈希函数，这些函数是基于与 PASSWORD()一样的运算法则。下面通过具体操作，讲解 KEY 分区。

例 6.35 为"学生信息"表 xsxx 创建 KEY 分区表，分区个数为 4，建表语句如下：
CREATE TABLE xsxx
(
    id INT PRIMARY KEY AUTO_INCREMENT,
    xh CHAR(8) NOT NULL,
    xm VARCHAR(20) NOT NULL,
    xb CHAR(2),
    csrq DATE,
    zy VARCHAR(50)
)ENGINE=INNODB DEFAULT CHARSET=utf8
PARTITION BY KEY(id)PARTITIONS 4;
在创建 KEY 分区表时，若不指定分区键，MySQL 默认选择主键作为分区键。

例 6.36 创建 KEY 分区表，建表语句如下：
CREATE TABLE xsxx
(
    xh CHAR(8) PRIMARY KEY,
    xm VARCHAR(20) NOT NULL,
    xb CHAR(2),
    csrq DATE,
    zy VARCHAR(50)
)ENGINE=INNODB DEFAULT CHARSET=utf8
PARTITION BY KEY()PARTITIONS 4;
在创建 KEY 分区时，PARTITION BY KEY()没有指定分区键，MySQL 默认选择 xsxx 表的主键 xh，作为分区键。

如果表中有主键，还有唯一键，或者多个唯一键，这时创建 KEY 分区时，不能采用默认分区键。

例如：
CREATE TABLE xsxx
(
    xh CHAR(8) PRIMARY KEY,

```
    xm VARCHAR(20) NOT NULL UNIQUE,
    xb CHAR(2),
    csrq DATE,
    zy VARCHAR(50)
)ENGINE=INNODB DEFAULT CHARSET=utf8
PARTITION BY KEY() PARTITIONS 4;
```

在创建 KEY 分区时，出现错误：

A UNIQUE INDEX must include all columns in the table's partitioning function

这时必须指定主键为分区键。

如果表中没有主键或唯一键，则可指定其他键为分区键。

例如：

```
CREATE TABLE xsxx
(
    xh CHAR(8) NOT NULL,
    xm VARCHAR(20) NOT NULL,
    xb CHAR(2),
    csrq DATE,
    zy VARCHAR(50)
)ENGINE=INNODB DEFAULT CHARSET=utf8
PARTITION BY KEY(xm) PARTITIONS 4;
```

KEY 分区管理和 HASH 分区管理是一样的，只能删除和增加分区，这里不再做详细介绍。KEY 分区也有线性 KEY 分区，方式与线性 HASH 分区相似。

建立"图书信息"表 BookInfo 的同时通过图书编号建立唯一索引。

建立"学生信息"表 stuinfo 后，为表 stuinfo 的 stuid 字段添加主键索引。

建立"学生信息"表 stuinfo 后，为表 stuinfo 的 stuid 字段添加唯一索引，索引的名字为 index_id。

建立"教师信息"表 teainfo，表字段为教师编号、姓名、性别、民族、年龄、籍贯。

性别默认为男，民族默认为汉族，年龄取值为 18～60 岁，以年龄作为分区列，年龄在 18～30 岁的教师记录保存在分区 p0 中，对应的存储文件为 teainfo♯p♯p0.ibd，年龄从 31～40 岁的教师记录保存在分区 p1 中，年龄在 41～60 岁的教师记录保存在分区 p2 中。

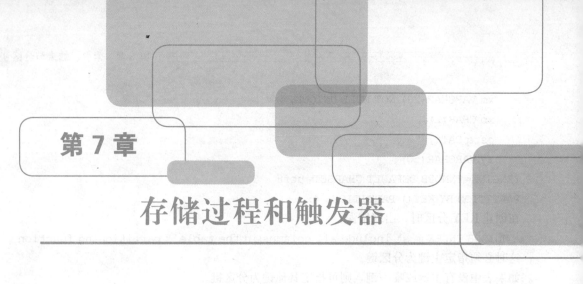

第 7 章

存储过程和触发器

教学目标

1. 了解数据库存储过程的概念，掌握 MySQL 数据库存储过程的使用方法。
2. 掌握 MySQL 数据库中存储过程的参数、变量、运算符、流程控制语句的使用方法。
3. 了解数据库中触发器的概念，掌握 MySQL 数据库中触发器的使用方法。

学习导航

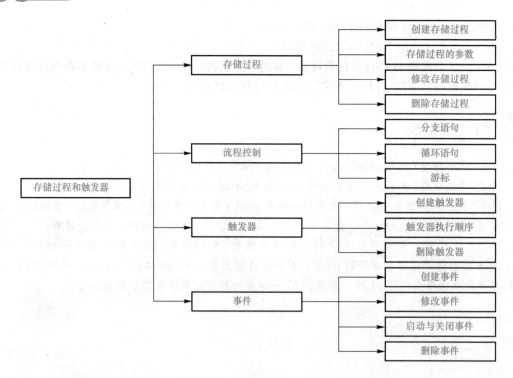

7.1 存储过程

存储过程(Stored Procedure)是在数据库系统中，为了完成特定功能的 SQL 语句集，经编译创建保存在数据库中，用户可通过指定存储过程的名字并给定参数（需要时）来调用执行。存储过程思想上很简单，就是数据库 SQL 语言层面的代码封装与重用。在客户/服务器数据库体系结构中，很多数据库操作既可以在客户端完成，也可以在服务器端完成。例如，一个数据查询，可以在客户端完成，但操作时需要将数据全部传输到客户端，然后在客户端完成查询操作；如果在服务器端调用事先建立的存储过程完成，然后将数据的查询结果传回给客户端，完成查询操作，效率明显提升。

如果不使用存储过程时，所有的数据处理都在应用程序中完成，应用程序保存在客户端或应用服务器上，而使用存储过程时，数据处理可以在数据库服务器上完成。所以，在设计数据库系统时，只要把经常使用的某种固定的操作设计成存储过程，就可以在各个程序中反复使用，减轻编程工作量，提高效率。

存储过程除能提高数据操作效率外，还可以间接实现数据安全控制功能。例如，有些数据不允许用户直接查询，这时可以将其授权给存储过程，通过存储过程完成相关操作，从而达到隔离用户的目的。

存储过程通常有以下优点：

(1)存储过程增强了 SQL 语言的功能和灵活性。存储过程可以用流控制语句编写，有很强的灵活性，可以完成复杂的判断和较复杂的运算。

(2)存储过程允许标准组件是编程。存储过程被创建后，可以在程序中被多次调用，而不必重新编写该存储过程的 SQL 语句。而且数据库专业人员可以随时对存储过程进行修改，对应用程序源代码毫无影响。

(3)存储过程能实现较快的执行速度。如果某一操作包含大量的 Transaction-SQL 代码或分别被多次执行，则存储过程要比批处理的执行速度快很多。因为存储过程是预编译的。在首次运行一个存储过程时查询，优化器对其进行分析优化，并且给出最终被存储在系统表中的执行计划。而批处理的 Transaction-SQL 语句在每次运行时都要进行编译和优化，速度相对要慢一些。

(4)存储过程能减少网络流量。针对同一个数据库对象的操作（如查询、修改），如果这一操作所涉及的 Transaction-SQL 语句被组织成存储过程，那么当在客户计算机上调用该存储过程时，网络中传送的只是该调用语句，从而大大增加了网络流量并降低了网络负载。

(5)存储过程可被作为一种安全机制来充分利用。系统管理员通过执行某一存储过程的权限进行限制，能够实现对相应数据访问权限的限制，避免了非授权用户对数据的访问，保证了数据的安全。

7.1.1 创建存储过程

存储过程就是具有名字的一段代码，用来完成一个特定的功能。存储过程以数据对象的形式保存在数据库中。MySQL 从 5.0 版本开始支持存储过程。语法格式如下：

```
CREATE PROCEDURE 存储过程名(IN|OUT|INOUT  参数名 参数类型,……)
BEGIN
   过程体;
END
```

举例说明存储过程的应用：

例 7.1 查询学生人数，建立存储过程，代码如下：

DELIMITER//

```
CREATE PROCEDURE getStudentNum()
    BEGIN
        SELECT count(*) 人数 FROM xsxx;
    END//
DELIMITER ;
```

在此代码中,"CREATE PROCEDURE getStudentNum()"是存储过程的第一条语句,称为存储过程的首部,"CREATE PROCEDURE"为建立存储过程的关键字,"getStudentNum"为存储过程的名字,根据存储过程的功能命名,没有特殊要求,一般应为见其名、知其意,存储过程名后的括号中为参数,没有参数时,存储过程名后的括号不能省略。

对存储过程的说明:

(1)这里需要注意的是"DELIMITER//"和"DELIMITER ;"两句不是存储过程的语句,DELIMITER是分割符的意思,因为 MySQL 默认以";"为分隔符,如果我们没有声明分割符,那么编译器会把存储过程当成 SQL 语句进行处理,则存储过程的编译过程会报错。所以,要事先用 DELIMITER 关键字申明当前段分隔符,这样 MySQL 才会将";"当作存储过程中的代码,而不会执行这些代码。用完了之后要把分隔符还原,存储过程开始第一条语句 DELIMITER 和//之间有至少一个空格,不能连接在一起,同样结束语句 DELIMITER 和 ;之间也有空格。

(2)存储过程名 getStudentNum 后面的括号中根据需要可能会有输入、输出、输入输出参数,用 IN、OUT、INOUT 表示,参数名后面是参数类型,如果有多个参数用","分割开,本例中没有参数,但括号不能省略。

(3)过程体的开始与结束使用 BEGIN 与 END 进行标识。

7.1.2 调用存储过程

MySQL 调用存储过程的语法格式如下:

CALL 存储过程名 (参数, …)

例 7.2 调用例 7.1 中的存储过程,语句如下:

mysql> CALL getStudentNum();

执行结果如下:

人数
7

调用时存储过程名后面括号中的参数应与建立存储过程时的参数相对应,如果没有参数,括号不能省略。

7.1.3 存储过程的参数

MySQL 存储过程的参数用在存储过程的定义,共有 IN、OUT、INOUT 三种参数类型,形式如下:

CREATE PROCEDURE 存储过程名([[IN | OUT | INOUT] 参数名 数据类型…])

IN 输入参数:表示该参数的值必须在调用存储过程时指定,在存储过程中修改该参数的值不能被返回,为默认值。

OUT 输出参数:该值可在存储过程内部被改变,并可返回。

INOUT 输入输出参数：调用时指定，并且可被改变和返回。
下面详细讲解每种参数的含义和用法。

1. IN 参数

IN 参数是调用存储过程时，从外部传递给存储过程的参数，传递后，该参数的变化不影响外部的参数，是单向的从外部传入存储过程，所以，参数的类型称为 IN。

例 7.3 查询"学生信息"表中某个专业学生人数，专业名称从外部输入，然后根据输入的专业名称统计该专业的学生人数，建立存储过程。

```
1    DELIMITER//
2    DROP PROCEDURE IF EXISTS getStudentNum//
3    CREATE PROCEDURE getStudentNum(IN a VARCHAR(20))
4    BEGIN
5        SELECT COUNT(*) 专业人数 FROM xsxx WHERE zy= a;
6    END//
7    DELIMITER ;
```

说明：存储过程代码前面的行号是为了说明方便添加的，实际编写时没有。

第 1、7 行：更改默认分隔符，前例中已经说明。

第 2 行：由于编写存储过程时，经常需要修改已经建立的存储过程，添加这一行代码是删除之前建立的存储过程，修改后建立新的，避免每次修改后手动删除之前的存储过程。

第 3 行：存储过程名后面的括号中 a 为参数名，IN 表示参数的值从外部输入，即调用时输入的数据，VARCHAR 参数的类型，参数名不要与字段名重名。

调用存储过程：

mysql> CALL getStudentNum('网络技术');

结果如下：

专业人数
4

IN 类型的参数的值只能由调用时传入，在存储过程中修改后，不能被返回。
举例说明：

```
DELIMITER//
DROP PROCEDURE IF EXISTS Demo_IN//
CREATE PROCEDURE Demo_IN(IN a INT)
BEGIN
    SELECT a;#输出 a 的值
    SET a= 10;#为 a 赋值
SELECT a;
END//
DELIMITER ;
```

调用该存储过程：

mysql> delimiter//
mysql> SET @x= 1;

```
    -> CALL Demo_IN(@x);
    -> SELECT @x;
    -> //
```
Query OK, 0 rows affected (0.00 sec)

a
1

1 row in set (0.00 sec)

a
10

1 row in set (0.01 sec)
Query OK, 0 rows affected (0.02 sec)

@x
1

1 row in set (0.02 sec)

```
mysql> delimiter ;
```

通过运行结果可以看出，在调用存储过程 Demo_IN 之前定义变量@x 并赋值为 1，然后将其传递给存储过程中的参数 a，在存储过程中输出 a 的值为 1，由外部@x 传入，然后将其更改为 10，但是在输出@x 的值时，仍然为 1，并没有将 a 值传回来。所以，IN 类型表示参数只能由外部的@x 传给存储过程的参数 a，a 的变化不影响外部变量@x。

2. OUT 参数

OUT 参数可以在存储过程中被修改，能够把值返回。从存储过程内部传值给调用者。在存储过程内部，无论调用者是否给存储过程参数设置值，该参数初始值均为 NULL。

例 7.4 通过学号，查询学生姓名，学号由调用存储过程时传入，属于 IN 参数，查询到的学生姓名返回，属于 OUT 参数。

```
DELIMITER//
DROP PROCEDURE IF EXISTS getStudentName//
CREATE PROCEDURE getStudentName(IN xsxh VARCHAR(8), OUT xsxm VARCHAR(20))
    BEGIN
        SELECT xm INTO xsxm FROM xsxx WHERE xh=xsxh;
    END//
DELIMITER ;
```

调用存储过程：
```
mysql> DELIMITER//
mysql> SET @xm='';
    -> CALL getStudentName('20180501', @xm);
    -> SELECT @xm;
```

```
    -> //
```
Query OK, 0 rows affected (0.00 sec)
Query OK, 1 row affected (0.00 sec)

@xm
刘松

1 row in set (0.01 sec)

mysql> DELIMITER ;

说明：OUT 参数，在调用该存储过程时，对应的参数必须是与存储过程中类型相对应的变量，不能是常量或表达式。

OUT 参数不能由调用时传给存储过程，只能由存储过程中参数的值改变后传递给外部变量。

举例说明：

```
DELIMITER//
DROP PROCEDURE IF EXISTS Demo_ OUT//
CREATE PROCEDURE Demo_ OUT(OUT a INT)
BEGIN
        SELECT a;#输出 a 的值
        SET a=10;#为 a 赋值
        SELECT a;
END//
DELIMITER ;
```

调用该存储过程：

```
mysql> use test;
Database changed
mysql> DELIMITER//
mysql> SET @n=1;
    -> CALL Demo_ OUT(@n);
    -> SELECT @n;
    -> //
```

a
NULL

1 row in set(0.00 sec)

a
10

1 row in set (0.00 sec)
Query OK, 0 rows affected (0.01 sec)

@n
10

1 row in set (0.01 sec)

mysql> DELIMITER ;

通过运行结果可以看出，外部变量@n 的值为1，在调用存储过程 Demo_OUT 时，没有传递给参数 a，所以，函数输出 a 为 NULL 值。然后将 a 赋值为10，a 的值传递给外部变量@n。总结，OUT 参数可以在存储过程内部改变，且可返回，但不能在调用存储过程时将外部值传入该参数。

3. INOUT 参数

INOUT 参数可以向过程传递信息，如果值改变，则可再从过程外调用。

例7.5 带 INOUT 参数的存储过程。

DELIMITER//
DROP PROCEDURE IF EXISTS Demo_ INOUT//
CREATE PROCEDURE Demo_ INOUT(INOUT a INT)
　　BEGIN
　　　　SELECT a;
　　　　SET a=a*2;
　　　　SELECT a;
　　END//
DELIMITER ;

调用存储过程：

mysql> DELIMITER//
mysql> SET @n=10;
　　-> CALL Demo_ INOUT(@n);
　　-> SELECT @n;
　　-> //
Query OK, 0 rows affected (0.00 sec)

a
10

1 row in set (0.00 sec)

a
20

1 row in set (0.00 sec)

Query OK, 0 rows affected (0.01 sec)

@n
20

1 row in set (0.02 sec)
mysql> DELIMITER ;

分析输出结果：调用存储过程 Demo_INOUT 时，将变量@n 的值传递给存储过程的参数 a，将参数 a 乘以 2 后，又返回给变量@n。

总结 MySQL 中的 IN、OUT、INOUT 参数：如果只想把数据传给 MySQL 存储过程，就需要使用"IN"类型参数；如果只从 MySQL 存储过程返回值，就需要使用"OUT"类型参数；如果需要把数据传给 MySQL 存储过程，还要经过一些计算后再返回，此时，需使用"INOUT"类型参数。

7.1.4 参数编码

编写存储过程时，如果参数包含中文，要考虑参数编码问题，首先查看数据库的编码，MySQL8.0 默认数据库编码是 utf8mb4，支持中文，有些数据库的编码是不支持中文的，如 latin1。

在编写存储过程时，首先查看系统变量"character_set_database"来查看数据库的编码，语法如下：

SHOW VARIABLES LIKE'character_ set_ database';

如查看数据库的编码为 latin1，在存储过程的参数如果是中文，就会出现乱码。

mysql> SHOW VARIABLES LIKE'character_ set_ database';

Variable_name	Value
character_set_database	latin1

例 7.6 建立存储过程。

```
DELIMITER//
DROP PROCEDURE IF EXISTS DemoPara//
CREATE PROCEDURE DemoPara (IN para VARCHAR(20))
    BEGIN
        SELECT para;
    END//
DELIMITER ;
```

调用该存储过程：

mysql> CALL DemoPara('中文');

输出不正确的字符串：

Incorrect string value: '\ xD6\ xD0\ xCE\ xC4'for column 'para' at row 1

解决的办法是在参数后设置字符编码：

```
DELIMITER//
DROP PROCEDURE IF EXISTS DemoPara//
CREATE PROCEDURE DemoPara(IN para VARCHAR(20)CHARACTER SET utf8)
    BEGIN
        SELECT para;
    END//
```

```
DELIMITER ;
```
再次调用该存储过程：
```
mysql> CALL DemoPara('中文');
```
输出正确。

para
中文

参数后的编码设置"CHARACTER SET utf8"也可写成"CHARSET utf8"。

7.1.5 存储过程查询

在 MySQL5.0 以前版本中，mysql 数据库中的 proc 表存放 PROCEDURE 的状态。在 MySQL8.0 以后版本中，mysql 数据库中没有 proc 表。它把 PROCEDURE 的状态信息保存在 information_schema 数据库中的 ROUTINES 表中。表中 ROUTINE_TYPE 字段的值为 PROCEDURE或FUNCTION，代表存储过程和函数，ROUTINE_NAME 字段表示存储过程或函数名，ROUTINE_SCHEMA 字段代表数据库名。

例 7.7 查看数据库 stuman 中的存储过程信息，查询语句如下：
```
select * from information_ schema.ROUTINES
where ROUTINE_ TYPE='PROCEDURE' AND ROUTINE_ SCHEMA='stuman';
```

为了查询方便，MySQL 有单独查询存储过程的命令："SHOW PROCEDURE STATUS;"。查询结果 db 表示所有要查询的数据库，name 表示查询的存储过程名字。

查询指定数据库下的所有存储过程状态的语法格式如下：
```
SHOW PROCEDURE STATUS WHERE db= '数据库名';
```
查看名称包含 Student 的存储过程状态的语法格式如下：
```
SHOW PROCEDURE STATUSWHERE name LIKE '%Student%';
```
如果想查看存储过程的详细信息，语法格式如下：
```
SHOW CREATE PROCEDURE 存储过程名;
```

例 7.8 查看当前数据库下的名称为 getStudentNum 存储过程的详细信息，语法格式如下：
```
mysql> SHOW CREATE PROCEDURE getStudentNum \G
*************************** 1. row ***************************
            Procedure: getStudentNum
             sql_mode: STRICT_TRANS_TABLES, NO_ENGINE_SUBSTITUTION
Create Procedure: CREATE DEFINER=`root`@`localhost` PROCEDURE `getStudent-
Num`(IN zy VARCHAR(20))
BEGIN
SELECT COUNT( * )专业人数 FROM xsxx WHERE `zy`=zy;
END
character_set_client: utf8mb4
collation_connection: utf8mb4_0900_ai_ci
  Database Collation: utf8_general_ci
1 row in set (0.00 sec)
```

7.1.6 修改存储过程

在实际开发过程中，业务需求修改的情况经常发生，这样，不可避免的需要修改 MySQL 中存储过程的特征。修改存储过程的特征语法格式如下：

ALTER PROCEDURE 存储过程名　存储过程特征；

MySQL 中的 ALTER PROCEDURE 只可以更改过程的特性，不可以更改过程的逻辑。

存储过程的特征子句包括以下几种：

1. LANGUAGE SQL

这个语句只是说明下面过程体中所使用的是 SQL 语言编写的，没有功能作用。

2. NOT DETERMINISTIC

该语句表示传递给系统的信息是不确定的。

3. SQL SECURITY DEFINER

指定权限控制，指定在调用时如何认定调用方的权限。

4. COMMENT注释说明

存储过程的注释说明文本。默认值为空("")。

在创建存储过程时，经常省略特征子句，但在实际开发中，特征子句有实际的用途，经常需要修改。

创建存储过程的完整语法如下：

CREATE PROCEDURE 存储过程名(参数)

存储过程特征

存储过程逻辑

例 7.9 修改存储过程 getStudentNum 的特征，将存储过程的注释说明文本更改为"查询专业学生人数"，语法如下：

ALTER PROCEDURE getStudentNum COMMENT'查询专业学生人数'；

更改后，查询更改结果：

```
mysql> SHOW CREATE PROCEDURE getStudentNum \G
*************************** 1. row ***************************
           Procedure: getStudentNum
            sql_mode: STRICT_TRANS_TABLES, NO_ENGINE_SUBSTITUTION
    Create Procedure: CREATE DEFINER=`root`@`localhost` PROCEDURE `getStudentNum`(IN zy VARCHAR(20))
COMMENT'查询专业学生人数'
BEGIN
SELECT COUNT(*)专业人数 FROM xsxx WHERE `zy`=zy;
END
character_set_client: utf8 mb4
collation_connection: utf8 mb4_0900_ai_ci
  Database Collation: utf8_general_ci
1 row in set (0.00 sec)
```

如果要更改存储过程的逻辑语句，只能先将该存储过程删除，然后再建立同名存储过程。

7.1.7 删除存储过程

MySQL 删除存储过程的语法如下：

DROP PROCEDURE[IF EXISTS] 过程名;

IF EXISTS：指定这个关键字，用于防止因删除不存在的存储过程而引发的错误。

例 7.10 删除存储过程 getStudentName。

如果存储过程 getStudentName 存在，则删除成功，如果不存在，则提示错误：

mysql> DROP PROCEDURE getStudentName;
ERROR 1305 (42000): PROCEDURE stuman.getStudentName does not exist

为了避免要删除的存储过程不存在，出现错误提示，删除的语句如下：

mysql> DROP PROCEDURE IF EXISTS getStudentName;
Query OK, 0 rows affected, 1 warning (0.01 sec)

删除语句被正确执行。

所以在每次创建存储过程时，语法格式如下：

DELIMITER//
DROP PROCEDURE IF EXISTS 过程名//
CREATE PROCEDURE 过程名(参数…)
    存储过程特征
BEGIN
    存储过程逻辑
END//
DELIMITER ;

可以每次修改时，不用先手动删除存储过程。

7.1.8 存储过程中的错误处理

在执行 MySQL SQL 语句的时候，有时会在某些情况下遇到错误。比如，向一张表中插入一条已经存在的记录，导致了主键重复，会出现如下的错误：

mysql> INSERT INTO xsxx(xh, xm) VALUES('20180501', '刘松');
ERROR 1062 (23000): Duplicate entry '20180501' for key' xsxx.PRIMARY'

由于在"学生信息"表 xsxx 中已经存在学号"20180501"，所以向表中添加信息时提示主键重复。ERROR 后面的 1062 就是 MySQL 自定义的错误代码，错误代码后面(23000)是 MySQL 的 SQLSTATE 代码，是五位字符，从 ANSI SQL 和 ODBC 来的标准化的错误代码，跟错误码之间并没有一一对应的关系。MySQL 的错误码和 SQLSTATE 的具体信息可参见官方手册，这里不详细介绍。下面介绍在存储过程中，如果执行某一个 SQL 语句，出现错误信息时的处理方法。在存储过程中出现错误信息，如果不处理，存储过程就会中断，不能正常执行。解决的办法是 MySQL 提供了一个简单的手段，即定义错误处理器(Handler)，来捕获通用的警告或者异常，以及错误码和错误条件。

1. 声明错误处理器

格式：

DECLARE 执行方式 HANDLER FOR 条件值语句;

2. 执行方式取值

CONTINUE：当前代码段会从出错的地方继续执行。

EXIT：当前代码段从出错的地方终止执行。

3. 条件值

条件值指定了会激活错误处理器的一个特定的条件代码值。取值可以是一个 MySQL 错误码；一个标准的 SQLSTATE 值。可以是 SQL 警告、SQL 异常等条件，这些分别代表一组 SQLSTATE 值。NOTFOUND 条件则可用于游标或"SELECT INTO 变量"语句，表示没有找到匹配的数据行。

条件值后面的语句可以是一条简单的语句或者被 BEGIN 和 END 围起来的多条语句。

当执行到存储过程中的某条语句，出现异常，异常的代码与条件值的代码相同时，则系统执行条件值后的语句，然后根据执行方式来执行该存储过程。

下面通过一个具体实例，说明错误处理器的执行方式。

例 7.11 编写存储过程，向"学生信息"表 xsxx 中插入学生信息，为了方便，只插入学号和姓名；当插入的学生信息中的学号已经存在时，系统会提示错误，存储过程中断执行。学号和姓名通过存储过程的参数传入，类型与 xsxx 表中的学号(xh)和姓名(xm)类型相同，姓名可以是中文，所以编码设置为 utf8。

参数格式如下：

stuId CHAR(8), stuName VARCHAR(20) CHARACTER SET utf8

执行的插入的语句如下：

INSERT INTO xsxx(xh, xm) VALUES(stuId, stuName);

执行插入信息后，统计学生人数，语句如下：

SELECT COUNT(*) 学生人数 FROM xsxx;

在执行插入学生信息时，如果学号已经存在，出现主键重复，存储过程就会中断，存储过程的其他语句也不能正常执行。

声明错误处理器，来解决该问题。首先，查找主键重复的错误代码是 1062，然后选择出现错误时的执行方式。例如，当插入重复学号时，提示插入重复主键错误，然后程序不中断，继续执行下一条语句，统计学生人数，所以，执行方式选择 CONTINUE，声明错误处理器语句如下：

DECLARE CONTINUE HANDLER FOR 1062 插入学生信息语句；

插入学生信息的存储过程如下：

```
DELIMITER//
DROP PROCEDURE IF EXISTS insertStudent//
CREATE PROCEDURE insertStudent(IN stuId CHAR(8),
IN  stuName VARCHAR(20) CHARACTER SET utf8)
BEGIN
   DECLARE CONTINUE HANDLER FOR 1 062
   SELECT CONCAT('学号', stuId, '重复')  错误提示；
   INSERT INTO xsxx(xh, xm) VALUES(stuId, stuName);
   SELECT COUNT(*)学生人数 FROM xsxx;
END//
DELIMITER ;
```

执行存储过程,当插入重复学号时,结果如下:

mysql> CALL insertStudent('20180501', '刘松');

错误提示
学号 20180501 重复

1 row in set (0.01 sec)

学生人数
7

1 row in set (0.02 sec)

Query OK, 0 rows affected, 2 warnings (0.03 sec)

当程序插入学生学号"20180501",发现数据表 xsxx 中已经存在,插入学生信息失败,此时错误处理器启动,查找错误代码,找到后,与错误处理器声明的条件值比较,如果相同,则执行错误处理器声明的 SQL 语句,否则不执行,然后根据错误处理器的执行方式进行处理;本例选择的是 CONTINUE,所以程序正常向下执行,统计学生人数。

如果将执行方式改为 EXIT:

DELIMITER//

DROP PROCEDURE IF EXISTS insertStudent//

CREATE PROCEDURE insertStudent(IN stuId CHAR(8),

IN stuName VARCHAR(20)CHARACTER SET utf8)

BEGIN

  DECLAREEXIT HANDLER FOR 1 062

  SELECT CONCAT('学号', stuId, '重复') 错误提示;

  INSERT INTO xsxx(xh, xm) VALUES(stuId, stuName);

  SELECT COUNT(*)学生人数 FROM xsxx;

END//

DELIMITER ;

现在,插入一条已经存在的学生信息,执行结果如下:

mysql> CALL insertStudent('20180501', '刘松');

错误提示
学号 20180501 重复

1 row in set (0.00 sec)

Query OK, 0 rows affected, 2 warnings(0.01 sec)

执行结果,只看到错误提示,没有统计学生信息,说明当出现错误时,执行方式为 EXIT,程序终止执行。

错误处理器中的条件值,除可以是一个 MySQL 错误码外,还可以是一个标准的 SQLSTATE 值,例如,插入学生信息除了有插入重复主键错误,可能还有其他错误,如当插入的学号为"201805001"时,xsxx 表中的学号为 CHAR(8),此时会出现字段数据太长错误,错误提示如下:

ERROR 1406(22001)：Data too long for column 'stuId' at row 1

错误代码是1406，错误处理器捕捉不到，不能正确执行。这时错误处理器的条件值可以选择一个标准的SQLSTATE值，例如：SQLEXCEPTION，此时不管是发生插入重复主键异常，还是插入字段数据太长错误，都能被SQLEXCEPTION捕捉到。为了能捕捉到"插入字段数据太长错误"，可以将存储过程的参数stuId的长度设置超过CHAR(8)，为了能够正常接收到异常数据，捕捉到该异常，更改后的存储过程如下：

```
DELIMITER//
DROP PROCEDURE IF EXISTS insertStudent//
CREATE PROCEDURE insertStudent(IN stuId CHAR(20),
IN   stuName VARCHAR(20) CHARACTER SET utf8)
BEGIN
DECLARE CONTINUE HANDLER FOR SQLEXCEPTION
SELECT 'insert 错误'  错误提示;
INSERT INTO xsxx(xh, xm) VALUES(stuId, stuName);
SELECT COUNT(*)学生人数 FROM xsxx;
END//
DELIMITER ;
```

将参数stuId的类型改为CHAR(20)，此时调用该存储过程时，只要产生异常，都能被SQLEXCEPTION捕捉到，插入一个超过表中长度的学号"201805001"，长度为9，超过表中的长度，产生异常，能够被正确捕捉到，调用语句如下：

mysql> CALL insertStudent('201805001', '刘松');

错误提示
insert 错误

1 row in set (0.01 sec)

学生人数
7

1 row in set(0.01 sec)

Query OK, 0 rows affected, 2 warnings(0.02 sec)

对于游标或select into操作，如果出现找不到记录的情况，会产生NOT FOUND异常，该异常在后面章节中游标处理时判断数据结束的标识。

例7.12 通过学号，查找学生姓名，存储过程代码如下：

```
DELIMITER//
DROP PROCEDURE IF EXISTS searchStuName//
CREATE PROCEDURE searchStuName(IN stuId CHAR(20))
BEGIN
   DECLARE stuName VARCHAR (20) CHARACTER SET utf8;
   DECLARE EXIT HANDLER FOR NOT FOUND
     SELECT '没找到'  错误提示;
```

```
    SELECT xm into stuName FROM xsxx WHERE  xh=stuId;
    SELECT stuName 姓名;
END//
DELIMITER ;
```
调用该存储过程：
```
mysql> CALL searchStuName('20180501');
```

姓名
刘松

1 row in set (0.00 sec)

Query OK, 0 rows affected (0.01 sec)

正常调用该存储过程，通过学号查找到学生姓名，将其存储到变量 stuName 中，然后将其正常显示，当查找的学号不存在时，存储过程将捕捉到 NOT FOUND 异常，显示"没找到"，变量 stuName 的值为空，不需要显示，程序退出，该错误捕捉器的处理方式为 EXIT，调用语句如下：

```
mysql> CALL searchStuName('201805001');
```

错误提示
没找到

1 row in set (0.00 sec)

Query OK, 0 rows affected (0.01 sec)

NOT FOUND 异常在游标处理时常用。

7.1.9 MySQL 处理程序的优先级

在数据库开发过程中，有时会有多个错误处理程序，此时 MySQL 就需要根据优先级来执行处理。在 MySQL 中，每一个 ERROR 错误都会对应一个错误代码，一个 SQLSTATE 状态可以映射到 MySQL 多个错误代码，如 SQLEXCPETION 或 SQLWARNING 是一类 SQLSTATES 值，是通用的。因此，在处理优先级上，ERROR 优先级较高，首先处理，其次是 SQLSTATE，最后是 SQLEXCEPTION。

例 7.13 向学生信息表"xsxx"中插入信息，看三种错误处理的优先级。

```
DELIMITER//
DROP PROCEDURE IF EXISTS insertStudent//
CREATE PROCEDURE insertStudent(IN stuId CHAR(20),
IN  stuName VARCHAR(20) CHARACTER SET utf8)
BEGIN
    DECLARE EXIT HANDLER FOR 1062 SELECT'主键重复';
    DECLARE EXIT HANDLER FOR SQLEXCEPTION SELECT 'SQLException 异常';
    DECLARE EXIT HANDLER FOR SQLSTATE'23000'SELECT'SQLSTATE 23000 错误';
    INSERT INTO xsxx(xh, xm) VALUES(stuId, stuName);
END//
```

DELIMITER ;

当插入重复主键时,错误代码是 1062,错误状态码是 23000,同时也是 SQLEXCEPTION,但由于错误代码 1062 优先级高,先执行,主键重复提示被捕捉到。

调用结果如下:

mysql> CALL insertStudent('20180501', '刘松');

主键重复
主键重复

1 row in set (0.00 sec)

Query OK, 0 rows affected, 2 warnings (0.01 sec)

而在插入学号为"201805001"时(学号为 9 位),捕捉到的异常为 SQLEXCEPTION。

执行结果如下:

mysql> CALL insertStudent('201805001', '刘松');

SQLException 异常
SQLException 异常

1 row in set (0.00 sec)

Query OK, 0 rows affected (0.01 sec)

7.1.10 MySQL 中的变量

在 MySQL 中,除支持标准的存储过程和函数外,还引入了表达式。表达式与其他高级语言的表达式一样,由变量、运算符和流程控制来构成。变量是表达式语句中最基本的元素,可以用来临时存储数据。

在 MySQL 中变量分为系统变量和自定义变量;系统变量分为全局变量和会话变量,自定义变量分为局部变量和用户变量。

1. 局部变量

在存储过程和函数中都可以定义和使用变量。用户可以使用 DECLARE 关键字来定义变量,定义后可以为变量赋值。这些变量的作用范围是 BEGIN…END 程序段中。

(1)定义变量。MySQL 中可以使用 DECLARE 关键字来定义变量,其基本语法如下:

DECLARE 变量名[,…]类型[DEFAULT 默认值];

[,…]这里可以同时定义多个变量;

[DEFAULT 默认值]子句设置变量默认值,没有使用 DEFAULT 子句时,默认值为 NULL。

例 7.14 定义变量 num,数据类型为 INT 类型,默认值为 100。

SQL 语句如下:

DECLARE num INT DEFAULT 100;

该变量定义语句不能直接使用,应该在存储过程中使用,否则出现错误。

mysql> DECLARE num INT DEFAULT 100;

ERROR 1064 (42000): You have an error in your SQL syntax; check the manual that corresponds

to your MySQL server version for the right 00' at line 1

(2)变量赋值。MySQL 中可以使用 SET 关键字来为变量赋值,SET 语句的基本语法如下:
SET 变量名1= 表达式1[, 变量名2= 表达式2]…
说明:一个 SET 语句可以同时为多个变量赋值,各个变量的赋值语句之间用逗号隔开。

例 7.15 为变量 num 赋值为 20,sum 赋值为 0。

SQL 语句如下:
SET num= 20, sum= 0;

MySQL 中还可以使用 SELECT..INTO 语句为变量赋值。其基本语法如下:
SELECT 字段名　INTO 变量名[, …]
FROM 数据表 WEHRE 条件
说明:当将查询结果赋值给变量时,该查询语句的返回结果只能是单行。

2. 用户变量

用户变量的作用域要比局部变量广。用户变量可以作用于当前整个连接,当前连接断开后,其所定义的用户变量都会消失。

(1)定义变量。用户变量的命名语法是"@变量名"。

(2)变量赋值。与局部变量赋值相似,只是用户变量可以直接使用,不必在存储过程中定义和使用。

SET 变量名1=表达式1[, 变量名2=表达式2]…

例 7.16 定义用户变量@x 和@y,并分别赋值 5 和'hello',然后输出。

SET @x= 5, @y='hello';
SELECT @x, @y;

用户变量的类型根据赋值表达式的值来决定。

MySQL 中赋值号除"="外,还可以用":=" 。

例如:
SET @x: = 5, @y:='hello';
SELECT @x, @y;

说明:用户变量也可以用在查询语句中,用法同局部变量,查询语句的返回结果只能是单行。

例 7.17 在学生信息表"xsxx"中,查询学号为"20180501"的学生姓名,将其赋值给用户变量@x,将其输出。

SELECT xm INTO @x
　　FROM xsxx
　　WHERE xh= '20180501';
SELECT @x;

在查询语句中为变量赋值的格式:
SELECT 字段名　INTO 变量名
也可以采用:
SELECT　变量名:= 字段名

例 7.18 在例 7.16 中,将查询结果的姓名赋值给用户变量@x。

SELECT @x: = xm
　　FROM xsxx
　　WHERE xh='20180501';

SELECT @x;

该查询操作将查询结果赋值和显示同时完成，在 MySQL 中用户变量使用非常灵活，可以在查询过程中随时定义，变量类型可以根据赋值表达式的值来决定，使用时，可以与字段变量同名。

例如：

SELECT @xm:=xm
　　FROM xsxx
　　WHERE xh='20180501';
SELECT @xm;

查询时，将字段变量 xm 赋值给用户变量@xm，因为用户变量前有符号"@"，可以区分用户变量和字段变量，但是在局部变量使用时，不能和字段变量同名。

例7.19 定义存储过程 sp1，查询学号"20180501"学生的姓名，将其存储到局部变量 xm 中，然后通过参数 a 返回。

```
DELIMITER//
DROP PROCEDURE IF EXISTS sp1//
CREATE PROCEDURE sp1(OUT a VARCHAR(20))
BEGIN
    DECLARE xm VARCHAR(20);
    SELECT xm into xm FROM xsxx WHERE xh='20180501';
    SET a= xm;
END//
DELIMITER ;
```

在使用时，由于局部变量 xm 与字段变量 xm 同名，定义存储过程时，不提示错误，但是在使用时，并不能将其值返回。

调用该存储过程，输出结果如下：

```
mysql> DELIMITER//
mysql> CALL SP1(@xsxm);
    -> SELECT @xsxm;
    -> //
Query OK, 1 row affected (0.00 sec)
```

@xsxm
NULL

```
1 row in set (0.00 sec)
mysql> DELIMITER ;
```

调用存储过程 sp1 时，将其返回值传递给用户变量@xsxm，然后输出该变量，结果为空。

局部变量和用户变量都是根据需要，用户自己定义的变量，只是用户变量使用比较随意，不用先定义，根据需要直接使用，也不用声明变量类型；而局部变量用在存储过程或函数中，使用时需要先定义，并声明数据类型，然后使用。在 MySQL 中，除用户自己定义的变量外，还有系统变量，系统变量根据作用域不同分为会话变量和全局变量。

3. 会话变量

MySQL 服务器为每个连接的客户端维护一系列会话变量。其作用域仅限于当前连接，即每个连接中的会话变量是独立的。

显示系统中所有的会话变量，语句如下：

SHOW SESSION VARIABLES;

查询会话变量的值的方式如下：

(1) SHOW VARIABLES LIKE '会话变量';

查看数据库是否开启自动提交功能。

查询结果如下：

mysql> SHOW VARIABLES LIKE 'autocommit';

Variable_name	Value
autocommit	ON

当不知道完整的用户变量名时，可采用模糊查询。

例 7.20 查询包含"auto"的会话变量的值。

mysql> SHOW VARIABLES LIKE '%auto%';

Variable_name	Value
auto_generate_certs	ON
auto_increment_increment	1
auto_increment_offset	1
autocommit	ON
automatic_sp_privileges	ON
caching_sha2_password_auto_generate_rsa_keys	ON
innodb_autoextend_increment	64
innodb_autoinc_lock_mode	2
innodb_stats_auto_recalc	ON
sha256_password_auto_generate_rsa_keys	ON
sql_auto_is_null	OFF

(2) SELECT @@会话变量;

这种方式查询要求知道完整的会话变量的名字，查询时要求在会话变量前加"@@"。

例 7.21 查询会话变量 autocommit 的值。

mysql> SELECT @@autocommit;

@@autocommit
1

(3) 显示会话变量可以用以下格式：

SELECT @@SESSION.会话变量;

例 7.22 查询会话变量 autocommit 的值。

```
mysql> SELECT @@SESSION.autocommit;
```

@@SESSION.autocommit
1

(4)设置会话变量值的方式：
1)SET 会话变量=值；

例 7.23 关闭数据库的自动提交功能。
```
SET autocommit= 0;
```
2)SET @@SESSION. 会话变量=值；

例 7.24 可写为：SET @@SESSION.autocommit=1；
3)SET SESSION 会话变量=值；
会话变量只对当前查询起作用。

4. 全局变量

当 MySQL 服务启动时，它将所有全局变量初始化为默认值。其作用域为 server 的整个生命周期。

显示系统中全局变量，语句如下：
```
SHOW GLOBAL VARIABLES;
```
查询全局变量的值的方式如下：

(1)SHOW VARIABLES LIKE '全局变量'；
查看 MySQL 的安装路径，MySQL 的安装路径保存在全局变量 basedir 中。
查询结果如下：
```
mysql> SHOW VARIABLES LIKE 'basedir';
```

Variable_name	Value
basedir	C：\ Program Files \ MySQL \ MySQL Server 8.0 \

(2)SELECT @@全局变量；
这种方式查询要求知道完整的会话变量的名字，查询时要求在会话变量前加"@@"。

例 7.25 查询全局变量 basedir 的值。
```
mysql> SELECT @@ basedir;
```

@@basedir
C：\ Program Files \ MySQL \ MySQL Server 8.0 \

(3)SELECT @@GLOBAL.全局变量；
全局变量的赋值与会话变量相似。
格式可以如下：
SET 全局变量=值；
SET @@GLOBAL. 全局变量=值；
SET GLOBAL 会话变量=值；

7.2 流程控制

与其他编程语言相似，在 MySQL 服务器中也可完成顺序结构、分支结构、循环结构流程控制，常见的过程式 SQL 语句可以用在一个存储过程体中。其中包括 IF 语句、CASE 语句、LOOP 语句、WHILE 语句、REPEAT 语句、LEAVE 语句和 ITERATE 语句。

7.2.1 IF 语句

下面介绍 MySQL 存储过程中 IF 语句用法，结合实例形式详细分析 MySQL 存储过程中 IF 语句相关原理。

1. 不含 ELSE 子句的 IF 语句

语句格式如下：

IF 条件　THEN

　　语句；

END IF；

该语句在执行时首先判断 IF 后的条件是否为真，如果为真，则执行 THEN 后的语句，如果为假则什么也不执行。

例 7.26　输入一个学生成绩，判断是否及格，若不及格(<60)，则输出"不及格"，否则不输出任何信息。创建存储过程语句如下：

DELIMITER//

DROP PROCEDURE IF EXISTS getFail//

CREATE PROCEDURE getFail(IN a INT)

BEGIN

　IF a< 60　THEN

　　　SELECT '不及格' 成绩；

　END IF；

END//

DELIMITER ；

调用结果如下：

mysql> CALL getFail(48);

成绩
不及格

1 row in set (0.00 sec)

Query OK, 0 rows affected (0.01 sec)

2. 含有 ELSE 字句的 IF 语句

语句格式如下：

IF 条件　THEN

　　语句 1

ELSE
　　　语句 2
END IF；

该语句在执行时首先判断 IF 后的条件是否为真，如果为真，则执行 THEN 后的语句 1，如果为假则执行 ELSE 后面的语句 2。

例 7.27　求两个整数中的较大值。创建存储过程如下：

```
DELIMITER//
DROP PROCEDURE IF EXISTS getMax//
CREATE PROCEDURE getMax(IN a INT, IN b INT)
BEGIN
      DECLARE max INT;
      IF a>b THEN
            SET max=a;
      ELSE
            SET max=b;
      END IF;
      SELECT max 较大值;
END//
DELIMITER ;
```

调用结果如下：

mysql> CALL getMax(10, 20);

较大值
20

3. 关于 IF 语句的说明

MySQL 中的 IF 语句允许根据表达式的某个条件或值结果来执行一组 SQL 语句，所以要在 MySQL 中形成一个表达式，可以结合文字、变量、运算符，甚至函数来组合。表达式可以返回 TRUE、FALSE 或 NULL 三个值之一。

例 7.28　根据学号，在学生信息表中检索学生姓名，如果找到，则显示该姓名，否则显示"没有这个学生"。

```
DELIMITER//
DROP PROCEDURE IF EXISTS testNULL//
CREATE PROCEDURE testNULL(IN xsxh CHAR(8))
BEGIN
   DECLARE xsxm VARCHAR(20);
   SELECT xm INTO xsxm FROM xsxx WHERE xh= xsxh;
   IF xsxm IS NOT NULL THEN
         SELECT xsxm 姓名;
   ELSE
         SELECT '没有这个学生' 姓名;
```

```
        END IF;
END//
DELIMITER ;
```
执行存储过程：
```
mysql> CALL testNULL('20 180 506');
```

姓名
没有这个学生

检索学生信息表，查找学号为20180506这个学生姓名，将其存储到变量 xsxm 中，当找到该学生时，变量 xsxm 为学生姓名，不为空，则正常显示；当变量 xsxm 为空时，则显示没有这个学生。

7.2.2 嵌套的 IF 语句

IF 子句和 ELSE 子句中可以是任意合法的 MySQL 语句，因此也可以是 IF 语句，通常称此为嵌套的 IF 语句。内嵌的 IF 语句既可以嵌套在 IF 子句中，也可以嵌套在 ELSE 子句中。

下面通过具体实例讲解各种嵌套的 IF 语句的用法。

给定一个整数，判断它是正数、负数还是零。该整数通过函数参数给定。

分析：判断一个整数，有三种情况。而一个 IF 语句有两个分支，所以，在 IF 语句中需要嵌套 IF 语句来实现，实现的方法有下面几种情况。

1. 在 IF 子句中嵌套 IF 语句

语句格式如下：
```
DELIMITER//
DROP PROCEDURE IF EXISTS testIF//
CREATE PROCEDURE testIF(IN a INT)
BEGIN
      DECLARE str VARCHAR(10) CHAR SET utf8 ;
    IF a>=0   THEN
        IF a> 0 THEN
            SET str= '正数';
        ELSE
            SET str= '等于零';
         END IF;
    ELSE
          SET str= '负数';
    END IF;
    SELECT str;
END//
DELIMITER ;
```

2. 在 ELSE 子句中嵌套 IF 语句

语句格式如下：
```
DELIMITER//
```

```
DROP PROCEDURE IF EXISTS testIF//
CREATE PROCEDURE testIF(IN a INT)
BEGIN
        DECLARE str VARCHAR(10)CHAR SET utf8 ;
        IF a> 0   THEN
              SET str='正数1';
        ELSE
              IF a<0 THEN
                   SET str='负数';
              ELSE
                   SET str='等于零';
              END IF;
        END IF;
        SELECT str;
END//
DELIMITER ;
```

3. 在 ELSE 子句中嵌套 IF 语句形成多层嵌套

语句格式如下：

```
IF 条件 1   THEN
    语句 1
ELSEIF 条件 2 THEN
    语句 2
……
ELSEIF 条件 n THEN
    语句 n
ELSE
    语句 n+1
END IF;
```

例 7.29 编写存储过程，根据学生成绩给出相应的等级，大于或等于 90 分的等级为优秀，然后每 10 分一个等级；依次为良好、中等、及格；低于 60 分的为不及格。

```
DROP PROCEDURE IF EXISTS getGrade//
CREATE PROCEDURE getGrade(IN a INT)
BEGIN
        DECLARE strGrade VARCHAR(10)CHARACTER SET utf8;
        IF a>=90   THEN
            SET strGrade='优秀';
        ELSEIF a>=80 THEN
            SET strGrade='良好';
        ELSEIF a>=70 THEN
            SET strGrade='中等';
        ELSEIF a>=60 THEN
```

```
        SET strGrade='及格';
    ELSE
        SET strGrade='不及格';
    END IF;
    SELECT strGrade 等级;
END//
DELIMITER ;
```
调用该存储过程：
```
mysql> CALL getGrade(50);
```

等级
不及格

7.2.3　CASE 语句

在 MySQL 中 CASE 语句为多分支的语句结构，语句格式如下：
```
CASE 表达式
    WHEN 值 1 THEN
        语句 1
    WHEN 值 2 THEN
        语句 2
    ……
    WHEN 值 n THEN
        语句 n
    ELSE
        语句 n+1
END CASE;
```
该语句首先执行表达式的值，然后依次匹配 WHEN 后面的值，若与之匹配则执行 THEN 后的语句，若没有与之匹配的值，则执行 ELSE 后面的语句。

用 CASE 语句实现例 7.27，语句格式如下：
```
DELIMITER//
DROP PROCEDURE IF EXISTS getGrade//
CREATE PROCEDURE getGrade(IN a INT)
BEGIN
    DECLARE strGrade VARCHAR(10)CHARACTER SET utf8;
    CASE a div 10
        WHEN 10 THEN
            SET strGrade='优秀';
        WHEN 9  THEN
            SET strGrade='优秀';
        WHEN 8 THEN
```

```
            SET strGrade='良好';
        WHEN 7 THEN
            SET strGrade='中等';
        WHEN 6 THEN
            SET strGrade='及格';
        ELSE
            SET strGrade='不及格';
    END CASE;
    SELECT strGrade 等级;
END//
DELIMITER ;
```

CASE 语句的另一种语句格式如下：

```
    CASE
      WHEN 表达式 1 THEN
          语句 1
      WHEN 表达式 2  THEN
          语句 2
……
      WHEN 表达式 n THEN
          语句 n
      ELSE
          语句 n+1
END CASE;
```

这种语句格式直接执行 WHEN 后面表达式的值，若成立则执行 THEN 后面的语句，若没有与之匹配，则执行 ELSE 后面的语句，此语句格式相当于多分支的 IF 语句。

实现例 7.29，语句如下：

```
DELIMITER//
DROP PROCEDURE IF EXISTS getGrade//
CREATE PROCEDURE getGrade(IN a INT)
BEGIN
    DECLARE strGrade VARCHAR(10)CHARACTER SET utf8;
    CASE
        WHEN a<=100 AND a>=90   THEN
            SET strGrade='优秀';
        WHEN a>=80 THEN
            SET strGrade='良好';
        WHEN a>=70 THEN
            SET strGrade='中等';
        WHEN a>=60 THEN
            SET strGrade='及格';
        ELSE
```

```
                SET strGrade='不及格';
        END CASE;
        SELECT strGrade 等级;
END//
DELIMITER ;
```

说明：CASE 语句可以直接应用到 SELECT 查询语句中。

例如：

```
SELECT xh, kch, cj,
CASE cj DIV 10
    WHEN 10   THEN'A'
    WHEN 9    THEN'A'
    WHEN 8    THEN'B'
    WHEN 7    THEN'C'
    WHEN 6    THEN'D'
    ELSE      'E'
END 等级
FROM cjxx;
```

7.2.4 WHILE 语句

WHILE 语句是构成循环结构的语句之一。在程序设计中，对于那些需要重复执行的操作应该采用循环结构来完成。它一般用在存储过程或函数中。WHILE 循环在执行时先判断条件，如果条件成立（结果为真），则执行循环体语句，然后再判断条件，当条件不成立（结果为假）时，退出循环。WHILE 循环的一般格式如下：

WHILE 条件 DO

循环体语句

END WHILE

例 7.30 编写存储过程，求 $1+2+\cdots+100$ 的和，用 WHILE 语句完成。

定义两个变量，i 做循环控制，值从 1 开始，每执行一次加 1，i 的值小于等于 100，最后把和存到 sum 中。

```
DELIMITER//
DROP PROCEDURE IF EXISTS testWHILE//
CREATE PROCEDURE testWHILE()
BEGIN
    DECLARE i, sum INT;
    SET i=1, sum=0;
    WHILE i <= 100 DO
        SET sum=sum+i;
        SET i= i+1;
    END WHILE;
    SELECT sum;
END//
```

```
DELIMITER ;
```
执行结果如下：
```
mysql> CALL testWHILE();
```

sum
5050

1 row in set (0.00 sec)

WHILE 语句执行的过程：首先计算 WHILE 后面括号中的表达式，当表达式的值为真时，执行循环体语句，当表达式为假则退出循环。

例 7.31 建立用户信息表，编写存储过程，用 WHILE 循环向用户信息表中添加 10 个用户，用户名为 user1 到 user10，初始密码全部为 123，采用 md5 加密。

首先建立用户信息表，语句如下：

```
CREATE TABLE userinfo
(
    userid INT PRIMARY KEY AUTO_ INCREMENT,
    username VARCHAR(20) NOT NULL,
    pwd VARCHAR(32) NOT NULL
)
```

表结构如下：
```
mysql> DESC userinfo;
```

Field	Type	Null	Key	Default	Extra
userid	int	NO	PRI	NULL	auto_increment
username	varchar(20)	NO		NULL	
pwd	varchar(32)	NO		NULL	

编写存储过程，语句如下：
```
DELIMITER//
DROP PROCEDURE IF EXISTS insUser//
CREATE PROCEDURE insUser()
BEGIN
    DECLARE i INT;
    SET i= 1;
    WHILE i<= 10 DO
        INSERT INTO userinfo(username, pwd)
        VALUES(CONCAT('user', i), MD5('123'));
        SET i= i+ 1;
    END WHILE;
END//
DELIMITER ;
```

在存储过程中，通过变量 i 来控制执行的次数，函数 CONCAT 是字符连接函数，通过将字符串"user"与变量 i 连接来构造用户名 user1 到 user10，函数 MD5 是加密函数，返回值为 32 位的加密字符串，常用于密码加密。

执行存储过程：

CALL insUser();

执行后，查询用户信息表，结果如下：

mysql> SELECT * FROM userinfo;

userid	username	pwd
1	user1	202cb962ac59075b964b07152d234b70
2	user2	202cb962ac59075b964b07152d234b70
3	user3	202cb962ac59075b964b07152d234b70
4	user4	202cb962ac59075b964b07152d234b70
5	user5	202cb962ac59075b964b07152d234b70
6	user6	202cb962ac59075b964b07152d234b70
7	user7	202cb962ac59075b964b07152d234b70
8	user8	202cb962ac59075b964b07152d234b70
9	user9	202cb962ac59075b964b07152d234b70
10	user10	202cb962ac59075b964b07152d234b70

7.2.5 REPEAT 语句

在 REPEAT 语句中不管是否满足给定条件，首先会执行一次循环体语句，然后再在 UNTIL 中判断给定的条件是否成立，如果条件不成立会继续执行，如果条件成立则退出 REPEAT 循环。REPEAT 语句格式如下：

REPEAT

    语句；

UNTIL 表达式

END REPEAT;

注意：UNTIL 的表达式后没有分号。

用 REPEAT 语句实现例 7.30，语句如下：

```
DELIMITER//
DROP PROCEDURE IF EXISTS testREPEAT//
CREATE PROCEDURE testREPEAT()
BEGIN
  DECLARE i, sum INT;
  SET i=1, sum=0;
  REPEAT
        SET sum= sum+ i;
        SET i= i+ 1;
        UNTIL i> 100
  END REPEAT;
```

```
    SELECT sum;
END//
DELIMITER ;
```
调用存储过程：
```
mysql> CALL testREPEAT();
```

sum
5050

7.2.6 LOOP 语句

LOOP 一般要和一个标签一起使用，且在 LOOP 循环中一定要有一个判断条件，能够满足在一定的条件下跳出 LOOP 循环。LOOP 语句的循环体可以使用"LEAVE LOOP 标签；"来跳出循环，或者使用"ITERATE LOOP 标签；"跳出循环。LOOP 语法格式如下：

```
LOOP_ 标签：LOOP
        循环体
END LOOP;
```

在循环体中，语句"LEAVE LOOP 标签；"表示结束循环，相当于 C 语言中的 break；"ITERATE LOOP 标签；"表示结束本次循环，相当于 C 语言中的 continue。

用 LOOP 语句实现例 7.30，语句如下：

```
DELIMITER//
DROP PROCEDURE IF EXISTS testLOOP//
CREATE PROCEDURE testLOOP()
BEGIN
    DECLARE i, sum INT;
    SET i=1, sum=0;
    LOOP_ LABLE: LOOP
        SET sum=sum+i;
        SET i=i+1;
        IF i> 100 THEN
            LEAVE LOOP_ LABLE;
        END IF;
    END LOOP;
    SELECT sum;
END//
DELIMITER ;
```

例 7.32 编写存储过程，求 1 到 100 中所有奇数的和。

```
DELIMITER//
DROP PROCEDURE IF EXISTS testLOOP//
CREATE PROCEDURE testLOOP()
BEGIN
```

```
            DECLARE i, sum INT;
            SET i=0, sum=0;
            LOOP_LABLE: LOOP
                SET i=i+1;
                IF i>100 THEN    # 当 i 的值大于 100 时，结束循环。
                    LEAVE LOOP_LABLE;
                END IF;
                IF i% 2=0 THEN   # 当 i 值为偶数时，结束本次循环，不累加。
                    ITERATE LOOP_LABLE;
                END IF;
                SET sum=sum+i;
            END LOOP;
            SELECT sum;
        END//
    DELIMITER ;
```

7.2.7 游标

宿主语言一般只能在单记录方式下工作，即一次处理一条记录。而 MySQL 语句的查询结果通常是一张二维表，因此，需要用游标来进行操作。

游标实际上是一种能从包括多条数据记录的结果集中每次提取一条记录的机制。游标充当指针的作用。尽管游标能遍历结果中的所有行，但它一次只指向一行。

概括来讲，SQL 的游标是一种临时的数据库对象，既可以用来存放在数据库表中的数据行副本，也可以指向存储在数据库中的数据行的指针。游标提供了在逐行的基础上操作表中数据的方法。

游标的一个常见用途就是保存查询结果，以便以后使用。游标的结果集是由 SELECT 语句产生的，如果处理过程需要重复使用一个记录集，那么创建一次游标而重复使用若干次，比重复查询数据库要快得多。

大部分程序数据设计语言都能使用游标来检索 SQL 数据库中的数据，在程序中嵌入游标和在程序中嵌入 SQL 语句相同。

下面讲述游标的具体操作。

1. 定义游标

语句格式如下：

DECLARE 游标名称 CURSOR FOR 查询语句；

例如：DECLARE cur_user CURSOR FOR SELECT userid, username FROM userinfo;

用户信息表的查询结果定义游标 cur_user。

2. 打开游标

启动或打开游标的语句是 OPEN，具体格式如下：

OPEN 游标名；

例如：OPEN cur_user;

打开游标 cur_user。

3. 从游标中读取记录

从游标中读取记录的语句是 GETCH，具体格式如下：

FETCH 游标名 INTO 变量1，变量2…；

例如：FETCH cur_user INTO uid, uname;

从游标 cur_user 读取记录，将数据存入变量 uid 和 uname 中。

4. 关闭游标

关闭游标的语句是 CLOSE，具体格式如下：

CLOSE 游标；

例如：CLOSE cur_user;

关闭游标 cur_user。

5. 释放游标

释放游标的语句是 DEALLOCATE，具体格式如下：

DEALLOCATE PREPARE 游标名；

例如：DEALLOCATE PREPARE cur_user;

释放游标 cur_user。

该命令是删除有 DECLARE 说明的游标。该命令不同于 CLOSE 命令，CLOSE 命令只是关闭游标，需要时还可以打开，而 DEALLOCATE 命令则释放和删除游标。

例 7.33 从用户信息表中读取用户 ID 和用户名，存储到游标中，然后将其依次读出。

```
DELIMITER//
DROP PROCEDURE IF EXISTS testCURSOR//
CREATE PROCEDURE testCURSOR()
BEGIN
    DECLARE uid INT;
    DECLARE uname VARCHAR(20)CHARACTER SET utf8;
    DECLARE done INT DEFAULT 0;
    DECLARE cur_user CURSOR FOR
    SELECT userid, username
         FROM userinfo;
    DECLARE CONTINUE HANDLER FOR NOT FOUND SET done=1;
    OPEN cur_user;
    LOOP_LABLE: LOOP
         FETCH cur_user INTO uid, uname;
         IF done=1 THEN
             LEAVE LOOP_LABLE;
         END IF;
         SELECT uid, uname;
    END LOOP;
    CLOSE cur_user;
    DEALLOCATE PREPARE cur_user;
END//
DELIMITER ;
```

利用游标，实现批量更新数据。

例 7.34 操作对象为"学生信息"表和"成绩信息"表，表的结构见第 4 章。在"学生信息"表中查找指定专业的学生学号,将其存储到游标中,然后利用游标操作,将"成绩信息"表中对应的学生成绩进行批量更新。

编写存储过程,定义参数,为要查找的专业名称,"CHARACTER SET utf8"编码设置,当数据库默认编码不是中文时,需要指定中文编码;否则,当查询的专业名称为中文时,会出现乱码。

声明变量 row_xh,用来从游标中读取学号;声明变量 done,实现游标遍历操作。

定义游标 rs_cursor,将指定专业的学生学号从"学生信息"表中读出,将其存储到游标 rs_cursor 中。

打开游标,依次读取其中的数据(学生学号),将其存储到变量"row_xh"中,然后根据变量"row_xh"的内容,对应将其"成绩信息"表的内容实现批量更新,程序设计如下:

```
DELIMITER//
DROP PROCEDURE IF EXISTS update_cj//
CREATE PROCEDURE update_cj(IN zymc VARCHAR(50)CHARACTER SET utf8)
BEGIN
    DECLARE row_xh CHAR(8);
    DECLARE done INT;
    --定义游标
    DECLARE rs_cursor CURSOR FOR
    SELECT xh FROM xsxx WHERE zy=zymc;
    DECLARE CONTINUE HANDLER FOR NOT FOUND SET done=1;
    OPEN rs_cursor;
    cursor_loop: LOOP
    FETCH rs_cursor INTO row_xh;    ——取数据
    IF done=1 THEN
            LEAVE cursor_loop;
    END IF;
    --更新表
    UPDATE cjxx SET cj=cj+5 WHERE xh=row_xh;
    END LOOP cursor_loop;
    CLOSE rs_cursor;
END//
DELIMITER ;
```

7.3 触发器

7.3.1 触发器概述

触发器是与表有关的数据库对象,在满足定义条件时触发,并执行触发器中定义的语句集合。触发器的这种特性可以协助应用在数据库端确保数据的完整性。

举例说明,有"学生信息"表、"课程信息"表和"成绩信息"表,具体表结构见第 4 章。现在分析三个表中的数据完整性。"学生信息"表中存储的是学生基本信息,在执行插入数据时,只要考虑自己的数据结构关系即可，与"课程信息"表和"成绩信息"表无关，但是在执行 DELETE 和 UPDATE 时，"学生信息"表与"成绩信息"表存在数据完整性关系。例如：当删除一个学生信息时，而该学生的成绩信息还保存在"成绩信息"表中，应该首先将该学生的成绩信息删除，然后再删除学生信息，否则就会出现学生不存在，而成绩还在的数据完整性错误。更改学生信息时的情况类似，所以在"学生信息"表上执行 DELETE 或者 UPDATE 操作时，应首先处理"成绩信息"表来保持数据完整，这种操作可以编写一个存储过程，在执行相关操作时自动完成，不需要通过 CALL 来调用，这种思想就是触发器。

触发器(trigger)，也称为触发程序，是与表有关的命名数据库对象，是 MySQL 中提供给程序员来保证数据完整性的一种方法。它是与表事件 INSET、UPDATE、DELETE 相关的一种特殊的存储过程，它的执行是由事件来触发的。比如，当对一个表进行 INSET、UPDATE、DELETE 事件时就会激活它执行。因此，删除、新增或修改操作可能都会激活触发器，所以，不要编写过于复杂的触发器，也不要增加过多的触发器，这样会对数据的插入、修改或删除带来比较严重的影响，同时也会带来可移植性差的后果，在设计触发器的时候一定要对此有所考虑。

7.3.2 数据库触发器的作用

(1)安全性。可以基于数据库的值使用户具有操作数据库的某种权利。
(2)审计。可以跟踪用户对数据库的操作。
(3)实现复杂的数据完整性规则。实现非标准的数据完整性检查和约束。触发器可产生比规则更为复杂的限制。与规则不同，触发器可以引用列或数据库对象。提供可变的默认值。
(4)实现复杂的非标准的数据库相关完整性规则。触发器可以对数据库中相关的表进行连环更新。
(5)实时同步。同步实时地复制表中的数据。
(6)自动计算数据值。如果数据值达到了一定的要求，则进行特定的处理。

7.3.3 创建触发器

创建触发器的格式如下：
CREATE TRIGGER 触发器名 触发时机 触发事件 ON 表名 FOR EACH ROW 触发器程序体

触发时机：取值为 BEFORE 或 AFTER，参数指定了触发执行的时间，在事件之前或是之后。

触发事件：取值为 INSERT、DELETE 或 UPDATE。
表名：表示建立触发器的表名，就是在哪张表上建立触发器。
FOR EACH ROW：表示任何一条记录上的操作满足触发事件都会触发该触发器。
触发器的程序体：可以是一条 SQL 语句或是用 BEGIN 和 END 包含的多条语句。
触发事件详解：
INSERT 型触发器：插入某一行时激活触发器，可能通过 INSERT、LOAD DATA、REPLACE 语句触发(LOAD DAT 语句用于将一个文件装入到一个数据表中，相当于一系列的 INSERT 操作)；
UPDATE 型触发器：更改某一行时激活触发器，可能通过 UPDATE 语句触发；
DELETE 型触发器：删除某一行时激活触发器，可能通过 DELETE、REPLACE 语句触发。
触发时机有 BEFORE 和 AFTER 两种，触发事件有 INSERT、UPDATE 和 DELETE 三种，

组合后共有六种类型触发器，即 BEFORE INSERT、BEFORE DELETE、BEFORE UPDATE、AFTER INSERT、AFTER DELETE 和 AFTER UPDATE。

下面通过具体实例，讲解触发器的使用。

例 7.35 在数据库中建立一个日志表 logs，来记录对数据库的操作。

日志表 logs 中包含三个字段：id（日志编号）info（日志信息）time（操作时间）。

建立日志表：

```
DROP TABLE IF EXISTS logs;
CREATE TABLE logs
(
id INT PRIMARY KEY AUTO_ INCREMENT,
info VARCHAR(100),
time DATETIME
);
```

在"学生信息"表 xsxx 上建立触发器，在向"学生信息"表 xsxx 中插入学生时，记录该操作过程。

建立触发器语句如下：

```
DELIMITER //
DROP TRIGGER IF EXISTS tri_insStudent//
CREATE TRIGGER tri_insStudent AFTER INSERT ON xsxx FOR EACH ROW
BEGIN
    INSERT INTO logs(info, time) VALUES ('插入一个学生', NOW());
END//
DELIMITER ;
```

触发器的程序体如果只有一条语句可以省略"BEGIN…END;"。

向"学生信息"表 xsxx 中插入一条学生信息：

`INSERT INTO xsxx(xh, xm) VALUES ('20 200 501', '王鹏');`

查看 logs 表：

`mysql> SELECT * FROM logs;`

id	info	time
1	插入一个学生	2020-09-20 08：45：46

上面的触发器比较简单，只说明了触发器的触发过程，没有涉及多个表之间的数据完整，下面通过添加学生，自动完成各个专业的学生人数统计。本操作过程涉及两个表，分别为"学生信息"表 xsxx（如上例）和"专业信息"表，表结构如下：

"学生信息"表 xsxx（学号 xh，姓名 xm，性别 xb，出生日期 csrq，专业 zy）；

"专业信息"表 zyxx（专业编号 zybh，专业名称 zymc，学生人数 xsrs）。

触发过程：向"学生信息"表中添加一名学生，执行的触发事件为 INSERT，插入学生后，更新专业信息表中的人数，触发时间为 AFTER，所以，该触发器的触发类型为 AFTER INSERT。执行完插入过程后，需要更新"专业信息"表中的人数，让人数加 1。在更新人数时，需要知道插入学生的专业名称，为了得到这个专业名称，系统中使用了 NEW 关键字，表示新插入的记录，用 NEW.zy 表示插入学生的专业名称,来完成更新"专业信息"表 zyxx 中学生人数的操作。

例 7.36 建立"专业信息"表 zyxx。

```
DROP TABLE IF EXISTS zyxx;
CREATE TABLE zyxx
(
zybh CHAR(2) PRIMARY KEY,
zymc VARCHAR(20),
xsrs INT
);
```

在"学生信息"表 xsxx 上建立触发器:

```
DELIMITER//
DROP TRIGGER IF EXISTS tri_insStudent//
CREATE TRIGGER tri_insStudent AFTER INSERT ON xsxx FOR EACH ROW
BEGIN
UPDATE zyxx SET xsrs=xsrs+1 WHERE zymc=new.zy;
INSERT INTO logs(info, time) VALUES('插入一个学生', NOW());
END//
DELIMITER ;
```

该触发器中 BEGIN 和 END 之间有两条语句,第一条更新专业人数,第二条插入日志信息。

该例中用到了 NEW 关键字,用来表示触发器所在的表中触发的数据。除 NEW 外,还有 OLD 关键字。具体说明见表 7.1。

表 7.1 NEW 和 OLD 关键字

类型	NEW	OLD
INSERT 型触发器	表示将要(BEFORE)或已经(AFTER)插入的新数据	
UPDATE 型触发器	表示将要(BEFORE)或已经(AFTER)修改的新数据	表示将要(BEFORE)或已经被修改的原数据
DELETE 型触发器		表示将要(BEFORE)或已经被删除的原数据

下面通过 INSERT 型触发器,讲解 BEFORE 和 AFTER 的用法,BEFORE 表示将要插入表中的数据,对应 NEW 关键字表示将要插入到表中的记录,此时可以对 NEW 中的数据进行更改,使用方法为"NEW.字段名",字段名对应表中的字段名,在"BEFORE INSERT"型触发器中可以对"NEW.字段名"通过 SET 重新赋值;而对于 AFTER,NEW.字段名数据不能更改。对于 DELETE 型触发器和 UPDATE 型触发器的 BEFORE 和 AFTER 用法与 INSERT 型触发器用法相似。

例 7.37 向"学生信息"表 xsxx 中插入学生信息,其中性别字段用"1"代表"男",用"2"代表"女",专业字段用"wl"代表"网络技术",用"yd"代表"移动应用"。

执行插入操作代码:

```
INSERT INTO  xsxx(xh, xm, xb, csrq, zy)
VALUES('20180504', '王鹏', 1, '2000-06-09', 'wl');
```

编写触发器,对 NEW.xb 和 NEW.zy 进行处理。

```
DELIMITER//
DROP TRIGGER IF EXISTS tri_ insStudent//
```

```
CREATE TRIGGER tri_insStudent BEFORE INSERT ON xsxx FOR EACH ROW
BEGIN
CASE new.xb
WHEN 1 THEN
     SET new.xb='男';
WHEN 2 THEN
     SET new.xb='女';
END  CASE;
   CASE  new.zy
         WHEN 'wl' THEN
           SET new.zy='网络技术';
         WHEN 'yd' THEN
           SET new.zy='移动应用';
   END  CASE;
   INSERT INTO logs(info,time)VALUES(CONCAT('插入一个学生'),NOW());
END//
DELIMITER ;
```

对于 INSERT 型触发器只有 NEW 关键字，DELETE 型触发器只有 OLD 关键字，而对于 UPDATE 型的触发器可以同时存在 NEW 关键字和 OLD 关键字，下面通过具体实例分别讲解每一个类型触发器的用法。

例 7.38 在"学生信息"表 xsxx 上建立 DELETE 型触发器，实现当删除一个学生时，将"专业信息"表 zyxx 中的学生人数减 1。

编写触发器，代码如下：

```
DELIMITER//
DROP TRIGGER IF EXISTS tri_delStudent//
CREATE TRIGGER tri_delStudent AFTER DELETE ON xsxx FOR EACH ROW
BEGIN
   UPDATE zyxx SET xsrs=xsrs-1 WHERE zymc=old.zy;
   INSERT INTO logs(info,time)VALUES('删除一个学生',NOW());
END//
DELIMITER ;
```

对于本例中 old 表示删除的"学生信息"表中记录，没有对删除后的记录 old 中数据进行更改，所以，使用 AFTER 和 BEFORE 对本例题没有影响。

执行删除操作：

```
DELETE FROM xsxx WHERE xm='王鹏';
```

然后查看"专业信息"表 zyxx 中的学生人数，发现删除学生所在的专业人数已经减 1。

例 7.39 在"学生信息"表 xsxx 上建立 UPDATE 型触发器，更改学生专业信息时，将学生从一个专业转到另一个专业，在"专业信息"表 zyxx 中，需要完成两步操作，首先是原专业学生人数减 1，原专业信息由 old 关键字得到；其次是转到的新专业学生人数加 1，新专业信息由 new 关键字得到。

编写触发器，代码如下：

```
DELIMITER//
DROP TRIGGER IF EXISTS tri_updStudent//
CREATE TRIGGER tri_updStudent AFTER UPDATE ON xsxx FOR EACH ROW
BEGIN
    UPDATE zyxx SET xsrs=xsrs-1 WHERE zymc=old.zy;
    UPDATE zyxx SET xsrs=xsrs+1 WHERE zymc=new.zy;
    INSERT INTO logs(info, time)VALUES('更改一个学生信息', NOW());
END//
DELIMITER ;
```

接下来讲解 UPDATE 型触发器的执行过程。

在执行 UPDATE 操作之前查看一下"学生信息"表中的内容。

mysql> SELECT * FROM xsxx;

xh	xm	xb	csrq	zy
20180501	刘松	男	2000-05-03	网络技术
20180502	宋玉晨	女	2000-10-15	网络技术
20180503	王洪赫	男	1999-09-12	网络技术
20180601	张东升	男	2000-05-08	移动应用
20180602	李双	女	1999-04-23	移动应用

然后查看"专业信息"表 zyxx 中的信息：

mysql> SELECT * FROM zyxx;

zybh	zymc	xsrs
05	网络技术	3
06	移动应用	2

根据"专业信息"表 zyxx 中的统计信息，网络技术专业有 3 名学生，移动应用专业有 2 名学生。

然后在"学生信息"表 xsxx 中执行更新操作，将一名网络专业的学生转到移动应用专业，具体操作如下：

UPDATE xsxx SET zy='移动应用'WHERE xh='20180503';

操作后首先查看"学生信息"表中更改后的内容：

mysql> SELECT * FROM xsxx;

xh	xm	xb	csrq	zy
20180501	刘松	男	2000-05-03	网络技术
20180502	宋玉晨	女	2000-10-15	网络技术
20180503	王洪赫	男	1999-09-12	移动应用
20180601	张东升	男	2000-05-08	移动应用
20180602	李双	女	1999-04-23	移动应用

发现学号为"20180503"、学生姓名为"王洪赫"的专业信息由网络技术更改为移动应用，然后查看"专业信息"表 zyxx 中的各个专业人数是否由于触发器的作用自动更改：

```
mysql> SELECT * FROM zyxx;
```

zybh	zymc	xsrs
05	网络技术	2
06	移动应用	3

通过查询发现，各专业人数由于触发器的作用自动完成了更新，保证了数据的完整性。

7.3.4 查看触发器

在 MySQL 数据库中，在某个表上建立触发器后，如果想查看所建立的触发器，可以使用 SHOW 命令，与查看数据库(SHOW DATABASES)、查看数据表(SHOW TABLES)相似，语法格式如下：

SHOW TRIGGERS;

例如：查看数据库 stuman 中建立触发器，将数据库 stuman 切换成当前库，然后执行 SHOW TRIGGERS 命令。

```
mysql> SHOW TRIGGERS \G
*************************** 1. row ***************************
             Trigger: tri_insStudent
               Event: INSERT
               Table: xsxx
           Statement: BEGIN
        UPDATE zyxx SET xsrs=xsrs+1 WHERE zymc=new.zy;
        INSERT INTO logs(info, time) VALUES('插入一个学生', NOW());
END
              Timing: AFTER
             Created: 2020-09-22 10: 27: 54.96
            sql_mode: STRICT_TRANS_TABLES,NO_ENGINE_SUBSTITUTION
             Definer: root@localhost
character_set_client: utf8mb4
collation_connection: utf8mb4_0900_ai_ci
  Database Collation: utf8_general_ci
*************************** 2. row ***************************
             Trigger: tri_updStudent
               Event: UPDATE
               Table: xsxx
           Statement: BEGIN
        UPDATE zyxx SET xsrs=xsrs-1 WHERE zymc=old.zy;
        UPDATE zyxx SET xsrs=xsrs+1 WHERE zymc=new.zy;
        INSERT INTO logs(info, time) VALUES('更改一个学生信息', NOW());
END
              Timing : AFTER
```

```
              Created: 2020-09-24 08:07:17.47
             sql_mode: STRICT_TRANS_TABLES,NO_ENGINE_SUBSTITUTION
              Definer: root@localhost
 character_set_client: utf8mb4
 collation_connection: utf8mb4_0900_ai_ci
   Database Collation: utf8_general_ci
*************************** 3. row ***************************
              Trigger: tri_delStudent
                Event: DELETE
                Table: xsxx
            Statement: BEGIN
          UPDATE zyxx SET xsrs=xsrs-1 WHERE zymc=old.zy;
          INSERT INTO logs(info,time) VALUES('删除一个学生',NOW());
          END
               Timing: BEFORE
              Created: 2020-09-22 16:49:29.08
             sql_mode: STRICT_TRANS_TABLES,NO_ENGINE_SUBSTITUTION
              Definer: root@localhost
 character_set_client: utf8mb4
 collation_connection: utf8mb4_0900_ai_ci
   Database Collation: utf8_general_ci
3 rows in set (0.00 sec)
```

由于查询结果字段较多，命令采用 \G 来显示信息，通过查询结果可以看出，共有 3 个触发器。Trigger：表示触发器名字；Event：表示触发器类型；Table：表示在该表上建立的触发器；Statement：表示触发器的语句；Timing：表示触发时间等信息。

第二种查看触发器的方法是使用 MySQL 数据库系统中的一个数据库，名字为 information_schema，在该数据库中有一个表，名为 TRIGGERS，记录 MySQL 数据库系统中所有的触发器信息。

通过以下命令可以查询触发器信息：

```
mysql> SELECT * FROM TRIGGERS WHERE TRIGGER_SCHEMA='stuman'\G
*************************** 1. row ***************************
           TRIGGER_CATALOG: def
            TRIGGER_SCHEMA: stuman
              TRIGGER_NAME: tri_insStudent
        EVENT_MANIPULATION: INSERT
      EVENT_OBJECT_CATALOG: def
       EVENT_OBJECT_SCHEMA: stuman
        EVENT_OBJECT_TABLE: xsxx
              ACTION_ORDER: 1
          ACTION_CONDITION: NULL
```

```
                 ACTION_STATEMENT: BEGIN
         UPDATE zyxx SET xsrs=xsrs+1 WHERE zymc=new.zy;
         INSERT INTO logs(info,time)VALUES('插入一个学生',NOW());
         END
               ACTION_ORIENTATION: ROW
                   ACTION_TIMING: AFTER
       ACTION_REFERENCE_OLD_TABLE: NULL
       ACTION_REFERENCE_NEW_TABLE: NULL
         ACTION_REFERENCE_OLD_ROW: OLD
         ACTION_REFERENCE_NEW_ROW: NEW
                          CREATED: 2020-09-22 10:27:54.96
                         SQL_MODE: STRICT_TRANS_TABLES,NO_ENGINE_SUBSTITUTION
                          DEFINER: root@localhost
             CHARACTER_SET_CLIENT: utf8mb4
             COLLATION_CONNECTION: utf8mb4_0900_ai_ci
               DATABASE_COLLATION: utf8_general_ci
*************************** 2. row ***************************
                  TRIGGER_CATALOG: def
                   TRIGGER_SCHEMA: stuman
                     TRIGGER_NAME: tri_delStudent
               EVENT_MANIPULATION: DELETE
             EVENT_OBJECT_CATALOG: def
              EVENT_OBJECT_SCHEMA: stuman
               EVENT_OBJECT_TABLE: xsxx
                     ACTION_ORDER: 1
                 ACTION_CONDITION: NULL
                 ACTION_STATEMENT: BEGIN
         UPDATE zyxx SET xsrs=xsrs-1 WHERE zymc=old.zy;
         INSERT INTO logs(info,time)VALUES('删除一个学生',NOW());
         END
               ACTION_ORIENTATION: ROW
                   ACTION_TIMING: BEFORE
       ACTION_REFERENCE_OLD_TABLE: NULL
       ACTION_REFERENCE_NEW_TABLE: NULL
         ACTION_REFERENCE_OLD_ROW: OLD
         ACTION_REFERENCE_NEW_ROW: NEW
                          CREATED: 2020-09-22 16:49:29.08
                         SQL_MODE: STRICT_TRANS_TABLES,NO_ENGINE_SUBSTITUTION
                          DEFINER: root@localhost
             CHARACTER_SET_CLIENT: utf8mb4
             COLLATION_CONNECTION: utf8mb4_0900_ai_ci
```

```
                DATABASE_COLLATION: utf8_general_ci
*************************** 3. row ***************************
                   TRIGGER_CATALOG: def
                    TRIGGER_SCHEMA: stuman
                      TRIGGER_NAME: tri_updStudent
                EVENT_MANIPULATION: UPDATE
              EVENT_OBJECT_CATALOG: def
               EVENT_OBJECT_SCHEMA: stuman
                EVENT_OBJECT_TABLE: xsxx
                      ACTION_ORDER: 1
                  ACTION_CONDITION: NULL
                  ACTION_STATEMENT: BEGIN
UPDATE zyxx SET xsrs=xsrs-1 WHERE zymc=old.zy;
UPDATE zyxx SET xsrs=xsrs+1 WHERE zymc=new.zy;
INSERT INTO logs(info,time) VALUES('更改一个学生信息',NOW());
END
                ACTION_ORIENTATION: ROW
                     ACTION_TIMING: AFTER
         ACTION_REFERENCE_OLD_TABLE: NULL
         ACTION_REFERENCE_NEW_TABLE: NULL
           ACTION_REFERENCE_OLD_ROW: OLD
           ACTION_REFERENCE_NEW_ROW: NEW
                           CREATED: 2020-09-24 08:07:17.47
                          SQL_MODE: STRICT_TRANS_TABLES,NO_ENGINE_SUBSTITUTION
                           DEFINER: root@localhost
              CHARACTER_SET_CLIENT: utf8mb4
              COLLATION_CONNECTION: utf8mb4_0900_ai_ci
                DATABASE_COLLATION: utf8_general_ci
3 rows in set (0.00 sec)
```
查询结果与 SHOW 命令查询结果相似。

7.3.5 删除触发器

在 MySQL 系统中，如果某个触发器不再使用了，可以将其删除，删除触发器的命令与删除数据库和删除数据表的命令相似，采用 DROP 语句：

DROP TRIGGER [IF EXISTS] 触发器名；

为了防止删除不存在的触发器报错，在删除时用 IF EXISTS 关键字。

7.3.6 触发器执行顺序

日常开发中创建的数据库通常都是 InnoDB 数据库，在数据库上建立的表多为事务性表，也就是事务安全的。这时，触发器的执行顺序主要如下：

(1)如果 BEFORE 型的触发器执行失败，SQL 无法正确执行。
(2)如果 SQL 执行失败，AFTER 类型的触发器不会触发。
(3)如果 AFTER 类型的触发器执行失败，数据会回滚。

如果是对数据库的非事务表进行操作，当触发器执行顺序中的任何一步执行出错，则无法回滚，数据可能会出错。

7.4 事件

MySQL 数据库系统为了实时记录某些信息，在 MySQL5.1 版本后新增了一个特色功能事件调度器(Event Scheduler)，简称事件。它可以作为定时任务调度器，取代部分原来只能用操作系统的计划任务才能执行的工作。MySQL 的事件可以实现每秒钟执行一个任务，这在一些对实时性要求较高的环境下是非常实用的。

事件是一组 SQL 集，用来执行定时任务，与触发器相似，都是被动执行的，事件是因为时间到了触发执行，而触发器则是因为对表中的数据增、删、改而触发执行。

7.4.1 查看事件调度器是否开启

通过查看变量"EVENT_SCHEDULER"的值来确定事件调度器是否开启，若值为 ON 表示事件调度器已开启，若值为 OFF 表示事件调度器未开启，如下所示：

mysql> SHOW VARIABLES LIKE 'EVENT_SCHEDULER';

Variable_name	Value
event_scheduler	ON

值为 ON，表示事件调度器已经开启。
另一种查看的方法如下：
mysql> SELECT @@EVENT_SCHEDULER;

@@EVENT_SCHEDULER
ON

7.4.2 开启或关闭事件调度器

通过设定全局变量 EVENT_SCHEDULER 的值即可动态地控制事件调度器是否启用。开启 MySQL 的事件调度器，可以通过下面两种方式实现。

1. 通过设置全局参数

使用 SET GLOBAL 命令可以开启或关闭事件。将 event_scheduler 参数的值设置为 ON，则开启事件；如果设置为 OFF，则关闭事件。
(1)开启事件调度器：
SET GLOBAL event_scheduler=ON;
(2)关闭事件调度器：

SET GLOBAL event_scheduler=OFF;

(3)查看事件调度器状态：

SHOW VARIABLES LIKE 'event_scheduler';

2. 通过更改配置文件

在 MySQL 的配置文件 my.ini(Windows 系统)/my.cnf(Linux 系统)中，找对[mysqld]，然后在下面添加以下代码开启事件。

EVENT_SCHEDULER= ON

在配置文件中添加代码并保存文件后，还需要重新启动 MySQL 服务器才能生效。通过该方法开启事件，重启 MySQL 服务器后，不恢复为系统默认的状态。

7.4.3 创建事件

1. 创建事件的语法格式

语法格式如下：

CREATE
　　[DEFINER= {用户 | CURRENT_USER}]
　　EVENT [IF NOT EXISTS] 事件名
　　ON SCHEDULE 调度时间间隔
　　[ON COMPLETION [NOT] PRESERVE]
　　[ENABLE | DISABLE | DISABLE ON SLAVE]
　　[COMMENT '注释']
　　DO 事件体；

说明：

DEFINER：可选项，用于定义事件执行时检查权限的用户。

IF NOT EXISTS：可选项，用于判断要创建的事件是否存在。

事件名：必选项，事件名的最大长度为 64 个字符。

ON SCHEDULE schedule：必选项，用于定义执行的时间和时间间隔。

ON COMPLETION[NOT]PRESERVE：可选项，用于定义事件是否循环执行，即是一次执行还是永久执行，默认为一次执行，即 NOT PRESERVE。

ENABLE | DISABLE | DISABLE ON SLAVE：可选项，用于指定事件的一种属性。

COMMENT注释：可选项，用于定义事件的注释。

事件体：必选项，用于指定事件启动时所要执行的代码。可以是任何有效的 SQL 语句、存储过程或一个计划执行的事件。如果包含多条语句，可以使用 BEGIN…END 复合结构。

2. 一些常用的时间间隔设置

(1)每隔 5 s 执行：ON SCHEDULE EVERY 5 SECOND。

(2)每隔 1 min 执行：ON SCHEDULE EVERY 1 MINUTE。

(3)每天凌晨 1 点执行：ON SCHEDULE EVERY 1 DAY STARTS DATE_ADD(DATE_ADD(CURDATE(), INTERVAL 1 DAY), INTERVAL 1 HOUR)。

(4)每个月的第一天凌晨 1 点执行：ON SCHEDULE EVERY 1 MONTH STARTS DATE_ADD(DATE_ADD(DATE_SUB(CURDATE(), INTERVAL DAY(CURDATE())- 1 DAY), INTERVAL 1 MONTH), INTERVAL 1 HOUR)。

(5)每 3 个月,从现在起一周后开始：ON SCHEDULE EVERY 3 MONTH STARTS CURRENT_TIMESTAMP+ 1 WEEK。

(6)每 12 个小时,从现在起 30 分钟后开始,并于现在起四个星期后结束：ON SCHEDULE EVERY 12 HOUR STARTS CURRENT_ TIMESTAMP + INTERVAL 30 MINUTE ENDS CURRENT_ TIMESTAMP + INTERVAL 4。

7.4.4 事件举例

创建名称为 event_log 的事件,用于每隔 20 s 向数据表 logs(日志信息表)中插入一条数据。

1. 创建"日志信息"表 logs

```
CREATE TABLE `logs`
(
    `id` int NOT NULL AUTO_INCREMENT,
    `info` varchar(100) DEFAULT NULL,
    `time` datetime DEFAULT NULL,
    PRIMARY KEY(`id`)
)ENGINE=InnoDB DEFAULT CHARSET=utf8;
```

2. 创建事件

```
CREATE EVENT IF NOT EXISTS event_log
    ON SCHEDULE EVERY 20 SECOND
    ON COMPLETION PRESERVE
    COMMENT '数据库操作信息定时任务'
    DO INSERT INTO logs(info, time)VALUES('数据库操作信息', NOW());
```

3. 执行结果

mysql> SELECT * FROM logs;

id	info	time
1	数据库操作信息	2020-10-03 16:09:07
2	数据库操作信息	2020-10-03 16:09:27
3	数据库操作信息	2020-10-03 16:09:47
4	数据库操作信息	2020-10-03 16:10:07
5	数据库操作信息	2020-10-03 16:10:27

7.4.5 查询事件

在 MySQL 中可以通过查询 information_schema.events 表,查看已创建的事件。

其语句如下：

SELECT * FROM information_schema.events;

查询数据库 stuman 中建立的事件：

mysql> SELECT * FROM information_schema.events
    -> WHERE EVENT_SCHEMA='stuman'\G
*************************** 1. row ***************************

```
                EVENT_CATALOG: def
                 EVENT_SCHEMA: stuman
                   EVENT_NAME: event_log
                      DEFINER: root@localhost
                    TIME_ZONE: SYSTEM
                   EVENT_BODY: SQL
             EVENT_DEFINITION: INSERT INTO logs(info, time) VALUES('数据库操作信息', NOW
())
                   EVENT_TYPE: RECURRING
                   EXECUTE_AT: NULL
               INTERVAL_VALUE: 20
               INTERVAL_FIELD: SECOND
                     SQL_MODE: STRICT_TRANS_TABLES, NO_ENGINE_SUBSTITUTION
                       STARTS: 2020-10-03 15:56:47
                         ENDS: NULL
                       STATUS: DISABLED
                ON_COMPLETION: PRESERVE
                      CREATED: 2020-10-03 15:56:47
                 LAST_ALTERED: 2020-10-03 16:18:03
                LAST_EXECUTED: 2020-10-03 16:17:47
                EVENT_COMMENT: 数据库操作信息定时任务
                   ORIGINATOR: 1
         CHARACTER_SET_CLIENT: utf8mb4
         COLLATION_CONNECTION: utf8mb4_0900_ai_ci
            DATABASE_COLLATION: utf8_general_ci
```

7.4.6 修改事件

事件被创建之后，还可以使用 ALTER EVENT 语句修改其定义和相关属性。其语法格式如下：

```
ALTER
    [DEFINER={用户 | CURRENT_USER}]
    EVENT [IF NOT EXISTS] 事件名
    ON SCHEDULE 调度时间间隔
    [ON COMPLETION [NOT] PRESERVE]
    [ENABLE | DISABLE | DISABLE ON SLAVE]
    [COMMENT'注释']
    DO 事件体；
```

与创建事件的语法格式基本相同。

7.4.7 开启与关闭事件

1. 开启事件

语法格式如下：

ALTER EVENT 事件名 ON COMPLETION PRESERVE ENABLE;

例如：ALTER EVENT event_log ON COMPLETION PRESERVE ENABLE;

开启名字为 event_log 的事件。

2. 关闭事件

语法格式如下：

ALTER EVENT 事件名 ON COMPLETION PRESERVE DISABLE;

例如：ALTER EVENT event_log ON COMPLETION PRESERVE DISABLE;

关闭名字为 event_log 的事件。

7.4.8 删除事件

删除已经创建的事件可以使用 DROP EVENT 语句来实现，语法格式如下：

DROP EVENT IF EXISTS 事件名;

例如：DROP EVENT IF EXISTS event_log;

删除后通过"SELECT * FROM information_schema.events;"语句查看结果。

在"学生寝室"表中查询与某一名同学在同一寝室楼的学生姓名，学生姓名从外部输入，建立存储过程。

在图书管理数据库中建立一个图书管理日志表 logs，其中包含 id（日志编号）、info（日志信息）、time（操作时间）三个字段。编写触发器，要求对图书信息表 bookInfo 进行添加图书信息、更改图书信息和删掉图书信息记录到图书管理日志表 logs 中。

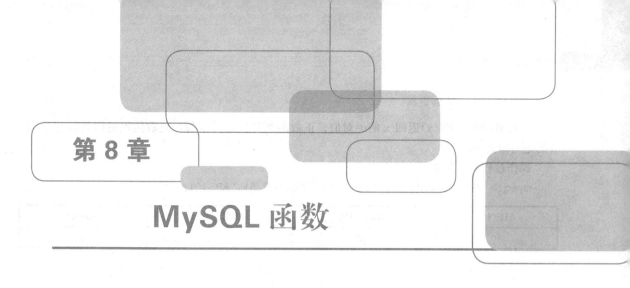

第 8 章

MySQL 函数

教学目标

1. 掌握 MySQL 数据库常见函数的使用。
2. 掌握 MySQL 自定义函数的定义语法以及调用方式。

学习导航

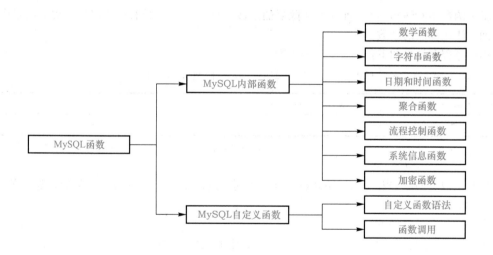

8.1 MySQL 内部函数

MySQL 数据库中提供了丰富的函数。MySQL 函数包括数学函数、字符串函数、日期和时间函数、聚合函数、流程控制函数、系统信息函数、加密函数等。通过这些函数，可以简化用户的操作。

8.1.1 数学函数

数学函数是 MySQL 中常用的一类函数，主要用于处理数字，包括整型、浮点数等。数学函数包括绝对值函数、正弦函数、余弦函数、获取随机数的函数等。

1. ABS 函数：求绝对值

绝对值函数 ABS(x)返回 x 的绝对值。正数的绝对值是其本身，负数的绝对值为其相反数，0 的绝对值是 0。

操作过程和结果如下：

mysql> SELECT ABS(10), ABS(-10), ABS(-2.5), ABS(0);

ABS(10)	ABS(−10)	ABS(−2.5)	ABS(0)
10	10	2.5	0

2. SQRT 函数：求二次方根

平方根函数 SQRT(x)返回非负数 x 的二次方根。负数没有平方根，返回结果为 NULL。

操作过程和结果如下：

mysql> SELECT SQRT(100), SQRT(10), SQRT(-10);

SQRT(100)	SQRT(10)	SQRT(−10)
10	3.162 277 660 168 3 795	NULL

3. MOD 函数：求余数

求余函数 MOD(x, y)返回 x 被 y 除后的余数，MOD()对于带有小数部分的数值也起作用，它返回除法运算后的余数。

操作过程和结果如下：

mysql> SELECT MOD(10, 6), MOD(-100, 5), MOD(9.5, 3);

MOD(10, 6)	MOD(−100, 5)	MOD(9.5, 3)
4	0	0.5

4. CEIL 和 CELING 函数：向上取整

取整函数 CEIL(x)和 CEILING(x)的意义相同，返回不小于 x 的最小整数值，返回值转化为一个 BIGINT。

操作过程和结果如下：

mysql> SELECT CEIL(3.6), CEIL(-3.6), CEILING(3.6);

CEIL(3.6)	CEIL(-3.6)	CEILING(3.6)
4	-3	4

5. FLOOR 函数：向下取整

FLOOR(x)函数返回小于 x 的最大整数值。

操作过程和结果如下：

mysql> SELECT FLOOR(3.6), FLOOR(-3.6);

FLOOR(3.6)	FLOOR(-3.6)
3	-4

6. RAND 函数：生成随机数

RAND()函数被调用时，可以产生一个在 0 和 1 之间的随机数。

操作过程和结果如下：

mysql> SELECT RAND(), RAND();

RAND()	RAND()
0.10753646130444153	0.9456071936950154

7. POW 和 POWER 函数：求次方

POW(x，y)函数和 POWER(x，y)函数用于计算 x 的 y 次方。

操作过程和结果如下：

mysql> SELECT POW(4, -1), POW(5, 3), POW(10, 2), POWER(4, 2), POWER(2, 10);

POW(4, -1)	POW(5, 3)	POW(10, 2)	POWER(4, 2)	POWER(2, 10)
0.25	125	100	16	1024

8. SIN 函数：求正弦值

正弦函数 SIN(x)返回 x 的正弦值，其中 x 为弧度值。

操作过程和结果如下：

mysql> SELECT SIN(PI()/2), SIN(0), SIN(1);

SIN(PI()/2)	SIN(0)	SIN(1)
1	0	0.8414709848078965

9. ASIN 函数：求反正弦值

反正弦函数 ASIN(x)返回 x 的反正弦值，若 x 不在-1 到 1 的范围之内，则返回 NULL。

操作过程和结果如下：

mysql> SELECT ASIN(0.5), ASIN(1), ASIN(0), ASIN(2);

ASIN(0.5)	ASIN(1)	ASIN(0)	ASIN(2)
0.5235987755982989	1.5707963267948966	0	NULL

10. COS 函数：求余弦值

余弦函数 COS(x)返回 x 的余弦值，x 为弧度值。

操作过程和结果如下：

mysql> SELECT COS(PI()/3), COS(PI()/4), COS(0);

COS(PI()/3)	COS(PI()/4)	COS(0)
0.5000000000000001	0.7071067811865476	1

11. ACOS 函数：求反余弦值

反余弦函数 ACOS(x)。x 值的范围必须在-1 和 1 之间，否则返回 NULL。

操作过程和结果如下：

```
mysql> SELECT ACOS(0.5), ACOS(1), ACOS(0), ACOS(2);
```

ACOS(0.5)	ACOS(1)	ACOS(0)	ACOS(2)
1.0471975511965979	0	1.5707963267948966	NULL

12. TAN 函数：求正切值

正切函数 TAN(x)返回 x 的正切值，x 为给定的弧度值。

操作过程和结果如下：

```
mysql> SELECT TAN(PI()/4), TAN(0);
```

TAN(PI()/4)	TAN(0)
0.9999999999999999	0

13. ATAN 函数：求反正切值

反正切函数 ATAN(x)返回 x 的反正切值，正切为 x 的值。

操作过程和结果如下：

```
mysql> SELECT ATAN(1), ATAN(0), ATAN(0.5);
```

ATAN(1)	ATAN(0)	ATAN(0.5)
0.7853981633974483	0	0.4636476090008061

8.1.2 字符串函数

1. LENGTH 函数：获取字符串长度

LENGTH(str)函数的返回值为字符串的字节长度，使用 uft8 编码字符集时，一个汉字是 3 个字节，一个数字或字母是一个字节。

操作过程和结果如下：

```
mysql> SELECT LENGTH('hello'), LENGTH('字符');
```

LENGTH('hello')	LENGTH('字符')
5	6

注：有时通过命令客户端登录 MySQL 时，由于命令行客户端默认的编码为 GBK，此时一个汉字占两个字节。

2. CONCAT 函数：字符串拼接

CONCAT(sl，s2，…)函数返回结果为连接参数产生的字符串，可以有一个或多个参数。若有任何一个参数为 NULL，则返回值为 NULL。若所有参数均为非二进制字符串，则结果为非二进制字符串。若自变量中含有任一二进制字符串，则结果为一个二进制字符串。

操作过程和结果如下：

```
mysql> SELECT CONCAT('hello', 'world'), CONCAT ('数据库', '应用'), CONCAT ('ABC', 'DEF', NULL);
```

CONCAT('hello', 'world')	CONCAT('数据库', '应用')	CONCAT('ABC', 'DEF', NULL)
helloworld	数据库应用	NULL

例 8.1 查询数据库中的学生成绩信息。

```
mysql> SELECT CONCAT(xm, '的', kcm, '成绩', cj, '分。')AS 成绩信息
    -> FROM xsxx, kcxx, cjxx
    -> WHERE xsxx.xh=cjxx.xh AND kcxx.kch=cjxx.kch;
```

成绩信息
刘松的计算机基础成绩 80 分。
刘松的网络基础成绩 58 分。
刘松的高等数学成绩 85 分。
宋玉晨的计算机基础成绩 90 分。
宋玉晨的网络基础成绩 96 分。
宋玉晨的高等数学成绩 93 分。
王洪赫的计算机基础成绩 70 分。
张东升的计算机基础成绩 92 分。
张东升的高等数学成绩 56 分。
李双的计算机基础成绩 70 分。

3. INSERT 函数：替换字符串

替换字符串函数 INSERT(s1，x，len，s2)返回字符串 s1，子字符串起始于 x 位置，并且用 len 个字符长的字符串代替 s2。

若 x 超过字符串长度，则返回值为原始字符串。假如 len 的长度大于其他字符串的长度，则从位置 x 开始替换。若任何一个参数为 NULL，则返回值为 NULL。

操作过程和结果如下：

```
mysql> SELECT INSERT('ABCDEF', 2, 4, '*****');
```

INSERT('ABCDEF', 2, 4, '*****')
A*****F

字符串'ABCDEF'，从第 2 个位置开始，连续 4 个字符串，即'BCDE'用字符串'*****'来替换。

例 8.2 将学生信息表中的学号中间添加一个连接符。

```
mysql> SELECT xh, INSERT(xh, 5, 0, '-'), xm, xb, csrq, zy
    -> FROM  xsxx;
```

xh	INSERT(xh, 5, 0, '-')	xm	xb	csrq	zy
20180501	2018-05-01	刘松	男	2000-05-03	网络技术
20180502	2018-05-02	宋玉晨	女	2000-10-15	网络技术
20180503	2018-05-03	王洪赫	男	1999-09-12	移动应用
20180601	2018-06-01	张东升	男	2000-05-08	移动应用

续表

xh	INSERT(xh, 5, 0, '-')	xm	xb	csrq	zy
20180602	2018-06-02	李双	女	1999-04-23	移动应用

4. LOWER 函数：将字母转换成小写

字母小写转换函数 LOWER(str)可以将字符串 str 中的字母字符全部转换成小写。

操作过程和结果如下：

mysql> SELECT LOWER('APPLE'), LOWER('Apple');

LOWER('APPLE')	LOWER('Apple')
apple	apple

由结果可以看到，原来所有字母为大写的，全部转换为小写，如"APPLE"，转换之后为"apple"；大小写字母混合的字符串，小写不变，大写字母转换为小写字母，如"Apple"，转换之后为"apple"。

5. UPPER 函数：将字母转换成大写

字母大写转换函数 UPPER(str)可以将字符串 str 中的字母字符全部转换成大写。

操作过程和结果如下：

mysql> SELECT UPPER('apple'), UPPER('Apple');

UPPER('apple')	UPPER('Apple')
APPLE	APPLE

由结果可以看到，原来所有字母字符为小写的，全部转换为大写，如"apple"，转换之后为"APPLE"；大小写字母混合的字符串，大写不变，小写字母转换为大写字母，如"Apple"，转换之后为"APPLE"。

6. LEFT 函数：从左侧截取字符串

LEFT(str，n)函数返回字符串 str 最左边的 n 个字符。

操作过程和结果如下：

mysql> SELECT LEFT('APPLE', 3);

LEFT('APPLE', 3)
APP

7. RIGHT 函数：从右侧截取字符串

RIGHT(str，n)函数返回字符串 str 最右边的 n 个字符。

操作过程和结果如下：

mysql> SELECT RIGHT('APPLE', 3);

RIGHT('APPLE', 3)
PLE

8. TRIM 函数：删除空格

删除空格函数 TRIM(str)删除字符串 str 两侧的空格。

操作过程和结果如下：

mysql> SELECT TRIM('APPLE');

TRIM('APPLE')
APPLE

9. REPLACE 函数：字符串替换

替换函数 REPLACE(str，str1，str2)使用字符串 str2 替换字符串 str 中所有的字符串 str1。

操作过程和结果如下：

mysql> SELECT xh, xm, xb, csrq, REPLACE(csrq, '-', '/'), zy
    -> FROM xsxx;

xh	xm	xb	csrq	REPLACE(csrq, '-', '/')	zy
20180501	刘松	男	2000-05-03	2000/05/03	网络技术
20180502	宋玉晨	女	2000-10-15	2000/10/15	网络技术
20180503	王洪赫	男	1999-09-12	1999/09/12	移动应用
20180601	张东升	男	2000-05-08	2000/05/08	移动应用
20180602	李双	女	1999-04-23	1999/04/23	移动应用

由运行结果可以看出，使用 REPLACE(csrq, '-', '/')将"csrq"字符串的"—"字符替换为"/"字符。

10. SUBSTRING 函数：截取字符串

获取子串函数 SUBSTRING(str，n，len)带有 len 参数的格式，从字符串 str 返回一个长度同 len 字符相同的子字符串，起始于位置 n。

若省略 len，则从 n 开始直到字符串结尾，若 n 为负值，则子字符串的位置起始于字符串结尾的第 n 个字符，即倒数第 n 个字符。

操作过程和结果如下：

mysql> SELECT SUBSTRING(xh, -2, 2), xm, xb, SUBSTRING(csrq, 6) FROM xsxx;

SUBSTRING(xh，−2, 2)	xm	xb	SUBSTRING(csrq, 6)
01	刘松	男	05-03
02	宋玉晨	女	10-15
03	王洪赫	男	09-12
01	张东升	男	05-08
02	李双	女	04-23

从结果可以看出，学号从结尾开始取 2 个字符，出生日期取月和日。

11. REVERSE 函数：反转字符串

字符串逆序函数 REVERSE(s)可以将字符串 s 反转，返回的字符串的顺序和 s 字符串的顺序相反。

操作过程和结果如下：

mysql> SELECT REVERSE('ABCDEF');

REVERSE('ABCDEF')
FEDCBA

由运行结果可以看出，字符串"ABCDEF"经过 REVERSE 函数处理之后所有字符顺序被反转，结果为"FEDCBA"。

8.1.3 日期和时间函数

1. CURDATE 和 CURRENT_DATE 函数：获取系统当前日期

CURDATE()和 CURRENT_DATE()函数的作用相同，将当前日期按照"YYYY－MM－DD"或"YYYYMMDD"格式的值返回，具体格式根据函数用在字符串或数字语境中而定。

操作过程和结果如下：

mysql> SELECT CURDATE(), CURRENT_DATE();

CURDATE()	CURRENT_DATE()
2020-10-01	2020-10-01

日期型值可以与整数值运算，运算结果为整数。

操作过程和结果如下：

mysql> SELECT CURDATE()+2;

CURDATE()+ 2
20201003

结果为整数值。

2. CURTIME 和 CURRENT_TIME 函数：获取系统当前时间

CURTIME()和 CURRENT_TIME()函数的作用相同，将当前时间以"HH：MM：SS"或"HHMMSS"格式返回，具体格式根据函数用在字符串或数字语境中而定。

操作过程和结果如下：

mysql> SELECT CURTIME(), CURRENT_TIME();

CURTIME()	CURRENT_TIME()
00：37：57	00：37：57

时间类型的值也可以与整数进行运算，结果为整型数据。

操作过程和结果如下：

mysql> SELECT CURTIME()+0;

CURTIME()+ 0
3757

3. NOW 和 SYSDATE 函数：获取当前时间日期

NOW()和 SYSDATE()函数的作用相同，都是返回当前日期和时间值，格式为"YYYY－MM－DD HH：MM：SS"或"YYYYMMDDHHMMSS"，具体格式根据函数用在字符串或数字语境中而定。

操作过程和结果如下：

mysql> SELECT NOW(), SYSDATE();

NOW()	SYSDATE()
2020-10-01 00：44：21	2020-10-01 00：44：21

NOW()取的是语句开始执行的时间，而 SYSDATE()取的是语句执行过程中动态的实时时间。

操作过程和结果如下：

mysql> SELECT NOW(), SLEEP(5), SYSDATE();

NOW()	SLEEP(5)	SYSDATE()
2020-10-01 00：48：34	0	2020-10-01 00：48：39

由运行结果可以看出，NOW()函数获取的是 SQL 语句开始执行的时间，而 SYSDATE()函数则是动态获取的实时时间。

4. UNIX_TIMESTAMP 函数：获取 UNIX 时间戳

UNIX_TIMESTAMP(date)若无参数调用，返回一个无符号整数类型的 UNIX 时间戳('1970-01-01 00：00：00'GMT 之后的秒数)。

若用 date 来调用 UNIX_TIMESTAMP()，它会将参数值以'1970-01-01 00：00：00'GMT 后的秒数的形式返回。

操作过程和结果如下：

mysql> SELECT UNIX_TIMESTAMP(), UNIX_TIMESTAMP(NOW()), NOW();

UNIX_TIMESTAMP()	UNIX_TIMESTAMP(NOW())	NOW()
1601484753	1601484753	2020-10-01 00：52：33

5. FROM_UNIXTIME 函数：时间戳转换日期

FROM_UNIXTIME(date)函数把 UNIX 时间戳转换为普通格式的日期时间值，与 UNIX_TIMESTAMP()函数互为反函数。

操作过程和结果如下：

mysql> SELECT FROM_UNIXTIME(1601484753);

FROM_UNIXTIME(1601484753)
2020-10-01 00：52：33

6. MONTH 函数：获取指定日期的月份

MONTH(date)函数返回指定 date 对应的月份，范围为 1～12。

操作过程和结果如下：

```
mysql> SELECT MONTH('2020-10-01');
```

MONTH('2020-10-01')
10

7. MONTHNAME 函数：获取指定日期月份的英文名称

MONTHNAME(date)函数返回日期 date 对应月份的英文全名。

操作过程和结果如下：

```
mysql> SELECT MONTHNAME('2020-10-01');
```

MONTHNAME('2020-10-01')
October

8. DAYNAME 函数：获取指定日期的星期名称

DAYNAME(date)函数返回 date 对应的工作日英文名称。

操作过程和结果如下：

```
mysql> SELECT DAYNAME('2020-10-01');
```

DAYNAME('2020-10-01')
Thursday

9. DAYOFWEEK 函数：获取日期对应的周索引

DAYOFWEEK(d)函数返回 d 对应的一周中的索引(位置)。1 表示周日，2 表示周一，……，7 表示周六。

操作过程和结果如下：

```
mysql> SELECT DAYOFWEEK('2020-10-01');
```

DAYOFWEEK('2020-10-01')
5

由运行结果可知，2020 年 10 月 1 日为星期四，因此，返回其对应的索引值为 5。

10. WEEK 函数：获取指定日期是一年中的第几周

WEEK( )函数计算日期 date 是一年中的第几周。WEEK(date，mode)函数允许指定星期是否起始于周日或周一，以及返回值的范围是否为 0~52 或 1~53。

参数 mode 是 0，星期从星期天开始，如果是 1，从星期一开始。

如果忽略 mode 参数，在默认情况下，WEEK 函数将使用 default_week_format 系统变量的值。要获取 default_week_format 变量的当前值，使用 SHOW VARIABLES 语句如下：

```
mysql> SHOW VARIABLES LIKE 'default_week_format';
```

Variable_name	Value
default_week_format	0

使用 WEEK(date)函数查询指定日期是一年中的第几周：

mysql> SELECT WEEK('2020-10-01', 1);

WEEK('2020-10-01', 1)
40

11. DAYOFYEAR 函数：获取指定日期在一年中的位置

DAYOFYEAR(d)函数返回 d 是一年中的第几天，范围为 1~366。

操作过程和结果如下：

mysql> SELECT DAYOFYEAR('2020-10-01');

DAYOFYEAR('2020-10-01')
275

12. DAYOFMONTH 函数：获取指定日期在一个月的位置

DAYOFMONTH(d)函数返回 d 是一个月中的第几天，范围为 1~31。

操作过程和结果如下：

mysql> SELECT DAYOFMONTH('2020-10-01');

DAYOFMONTH('2020-10-01')
1

13. YEAR 函数：获取年份

YEAR()函数可以从指定日期值中来获取年份值。

YEAR(date)函数返回 date 日期对应的年份，年份值范围为 1 000 到 9 999，如果日期为零，YEAR()函数返回 0。

操作过程和结果如下：

mysql> SELECT YEAR('2020-10-01');

YEAR('2020-10-01')
2020

14. TIME_SEC 函数：将时间转换为秒值

TIME_TO_SEC(time)函数返回将参数 time 转换为秒数的时间值，转换公式为"小时×3 600＋分钟×60＋秒"。

操作过程和结果如下：

mysql> SELECT TIME_TO_SEC('20: 10: 20');

TIME_TO_SEC('20: 10: 20')
72620

15. SEC_TO_TIME 函数：将秒值转换为时间格式

SEC_TO_TIME(seconds)函数返回将参数 seconds 转换为小时、分钟和秒数的时间值。

操作过程和结果如下：

mysql> SELECT SEC_TO_TIME(72620);

SEC_TO_TIME(72620)
20:10:20

16. DATE_ADD 和 ADDDATE 函数：向日期添加指定时间间隔

DATE_ADD(date，INTERVAL expr type)和 ADDDATE(date，INTERVAL expr type)两个函数的作用相同，都是用于执行日期的加运算。

DATE_ADD()和 ADDDATE()函数有两个参数：

date 是 DATE 或 DATETIME 的起始值。

INTERVAL expr type 是要添加到起始日期值的间隔值。

操作过程和结果如下：

mysql> SELECT DATE_ADD('2020-09-30 23:59:59', INTERVAL 1 SECOND);

DATE_ADD('2020-09-30 23:59:59', INTERVAL 1 SECOND)
2020-10-01 00:00:00

17. DATE_SUB 和 SUBDATE 函数：日期减法运算

DATE_SUB(date，INTERVAL expr type)和 SUBDATE(date，INTERVAL expr type)两个函数作用相同，都是执行日期的减法运算。

DATE_SUB()和 SUBDATE()函数有两个参数：

date 是 DATE 或 DATETIME 的起始值。

expr 是一个字符串，用于确定从起始日期减去的间隔值。type 是 expr 可解析的间隔单位，如 DAY、HOUR 等。

操作过程和结果如下：

mysql> SELECT DATE_SUB('2020-10-01 00:00:00', INTERVAL 1 SECOND);

DATE_SUB('2020-10-01 00:00:00', INTERVAL 1 SECOND)
2020-09-30 23:59:59

18. ADDTIME 函数：时间加法运算

ADDTIME(time，expr)函数用于执行时间的加法运算。添加 expr 到 time 并返回结果。

其中：time 是一个时间或日期时间表达式，expr 是一个时间表达式。

操作过程和结果如下：

mysql> SELECT ADDTIME('2020-09-30 23:59:59', '0:0:1');

ADDTIME('2020-09-30 23:59:59', '0:0:1')
2020-10-01 00:00:00

19. SUBTIME 函数：时间减法运算

SUBTIME(time，expr)函数用于执行时间的减法运算。

其中：函数返回 time。expr 表示的值和格式 time 相同。time 是一个时间或日期时间表达式，expr 是一个时间。

操作过程和结果如下：

mysql> SELECT SUBTIME('2020-10-01 00: 00: 00', '0: 0: 1');

SUBTIME('2020-10-01 00: 00: 00', '0: 0: 1')
2020-09-30 23: 59: 59

20. DATEDIFF 函数：获取两个日期的时间间隔

DATEDIFF(date1，date2)返回起始时间 date1 和结束时间 date2 之间的天数。date1 和 date2 为日期或 date-and-time 表达式。计算时只用到这些值的日期部分。

操作过程和结果如下：

mysql> SELECT DATEDIFF('2020-10-01', '2020-09-30');

DATEDIFF('2020-10-01', '2020-09-30')
1

21. DATE_FORMAT 函数：格式化指定的日期

DATE_FORMAT(date，format)函数是根据 format 指定的格式显示 date 值。

DATE_FORMAT()函数接受两个参数：

date：是要格式化的有效日期值。

format：是由预定义的说明符组成的格式字符串，每个说明符前面都有一个百分比字符(%)。

主要的 format 格式见表 8.1。

表 8.1　主要的 format 格式

说明符	说明
%a	工作日的缩写名称(Sun～Sat)
%b	月份的缩写名称(Jan～Dec)
%c	月份，数字形式(0～12)
%D	带有英语后缀的该月日期(0th, 2st, 3nd, …)
%d	该月日期，数字形式(00～31)
%e	该月日期，数字形式(0～31)
%f	微秒(000000～999999)
%H	以 2 位数表示 24 小时(00～23)
%h,%I	以 2 位数表示 12 小时(01～12)
%i	分钟，数字形式(00～59)
%j	一年中的天数(001～366)
%k	以 24 小时(0～23)表示
%l	以 12 小时(1～12)表示
%M	月份名称(January～December)

续表

说明符	说明
%m	月份，数字形式(00～12)
%p	上午(AM)或下午(PM)
%r	12小时制(小时(hh)：分钟(mm)：秒数(ss)后加 AM 或 PM)
%S,%s	以2位数形式表示秒(00～59)
%T	时间，24小时制[小时(hh)：分钟(mm)：秒数(ss)]
%U	周(00～53)，其中周日为每周的第一天
%u	周(00～53)，其中周一为每周的第一天
%V	周(01～53)，其中周日为每周的第一天，和%X同时使用
%v	周(01～53)，其中周一为每周的第一天，和%x同时使用
%W	星期标识(周日、周一、周二，…，周六)
%w	一周中的每日(0=周日，…6=周六)
%X	该周的年份，周日为每周的第一天，4位数，和%V同时使用
%x	该周的年份，周一为每周的第一天，4位数，和%v同时使用
%Y	4位数形式表示年份
%y	2位数形式表示年份
%%	%一个文字字符

操作过程和结果如下：

mysql> SELECT DATE_FORMAT('2020-10-01 20:10:00', '%W %M %D %Y');

DATE_FORMAT('2020-10-01 20:10:00', '%W %M %D %Y')
Thursday October 1 st 2020

22. WEEKDAY 函数：获取指定日期在一周内的索引位置

WEEKDAY(date)返回 date 对应的工作日索引。0表示周一，1表示周二，……，6表示周日。

操作过程和结果如下：

mysql> SELECT WEEKDAY('2020-10-01');

WEEKDAY('2020-10-01')
3

8.1.4 聚合函数

1. MAX 函数：查询指定列的最大值

MAX()函数是用来返回指定列中的最大值。

例 8.3 查询学生成绩最大值。

首先查看学生成绩信息。

操作过程和结果如下：

mysql> SELECT* FROM cjxx;

xh	kch	cj
20180501	0101	80
20180501	0102	58
20180501	0201	85
20180502	0101	90
20180502	0102	96
20180502	0201	93
20180503	0101	70
20180601	0101	92
20180601	0201	56
20180602	0101	70

查询成绩最高分。

操作过程和结果如下：

mysql> SELECT MAX(cj) AS 最高分

-> FROM cjxx;

最高分
96

2. MIN 函数：查询指定列的最小值

MIN()函数是用来返回查询列中的最小值。

例 8.4 查询成绩最低分。

操作过程和结果如下：

mysql> SELECT MIN(cj) AS 最低分

-> FROM cjxx;

最低分
56

3. COUNT 函数：统计查询结果的行数

COUNT()函数统计数据表中包含的记录行的总数，或根据查询结果返回列中包含的数据行数，使用方法有以下两种：

COUNT(*)计算表中总的行数，无论某列有数值或者为空值。

COUNT(字段名)计算指定列下总的行数，计算时将忽略空值的行。

例 8.5 查询学生人数。

操作过程和结果如下：

mysql> SELECT COUNT (*) AS 学生人数

-> FROM xsxx;

学生人数
5

4. SUM 函数：求和

SUM()是一个求总和的函数，返回指定列值的总和。

SUM()函数是如何工作的？

如果在没有返回匹配行 SELECT 语句中使用 SUM 函数，则 SUM 函数返回 NULL，而不是 0。

DISTINCT 运算符允许计算集合中的不同值。

SUM 函数忽略计算中的 NULL 值。

例 8.6 计算学生总分。

操作过程和结果如下：

mysql> SELECT SUM(cj)

-> from cjxx;

SUM(cj)
790

5. AVG 函数：求平均值

AVG()函数通过计算返回的行数和每一行数据的和，求得指定列数据的平均值。

例 8.7 计算平均分。

操作过程和结果如下：

mysql> SELECT AVG(cj)

-> from cjxx;

AVG(cj)
79.0000

8.1.5 流程控制函数

1. IF 函数：判断

IF 语句允许根据表达式的某个条件或值结果来执行一组 SQL 语句。

要在 MySQL 中形成一个表达式，可以结合文字、变量、运算符，甚至函数来组合。表达式可以返回 TRUE、FALSE 或 NULL 三个值之一。

语法结构如下：

IF(expr, v1, v2)

其中：表达式 expr 得到不同的结果，当 expr 为真时返回 v1 的值，否则返回 v2。

例 8.8 根据学生成绩，判断是否及格。

操作过程和结果如下：

mysql> SELECT * , IF(cj>=60, '及格', '不及格') AS 状态

-> from cjxx;

xh	kch	cj	状态
20180501	0101	80	及格
20180501	0102	58	不及格
20180501	0201	85	及格
20180502	0101	90	及格
20180502	0102	96	及格
20180502	0201	93	及格
20180503	0101	70	及格
20180601	0101	92	及格
20180601	0201	56	不及格
20180602	0101	70	及格

2. IFNULL 函数：判断是否为空

IFNULL 函数是 MySQL 控制流函数之一，它接受两个参数，如果不是 NULL，则返回第一个参数。否则，IFNULL 函数返回第二个参数。两个参数可以是文字值或表达式。

操作过程和结果如下：

mysql> SELECT IFNULL(SQRT(2), 'FALSE'), IFNULL(SQRT(-2), 'FALSE');

IFNULL(SQRT(2), 'FALSE')	IFNULL(SQRT(-2), 'FALSE')
1.4142135623730951	FALSE

3. CASE 函数：搜索语句

CASE 语句有两种形式：简单的和可搜索 CASE 语句。

简单的 CASE 语句就是指使用简单 CASE 语句来检查表达式的值与一组唯一值的匹配。

简单的 CASE 语句的语法：

CASE ＜表达式＞

　　WHEN＜ 值 1＞ THEN＜ 操作＞

　　WHEN＜ 值 2＞ THEN＜ 操作＞

　　…

　　ELSE＜ 操作＞

　　END CASE;

其中：＜表达式＞可以是任何有效的表达式。将＜表达式＞的值与每个 WHEN 子句中的值进行比较，如＜值 1＞＜值 2＞等。如果＜表达式＞和＜值 n＞的值相等，则执行相应的 WHEN 分支中的命令＜操作＞。如果 WHEN 子句中的＜值 n＞没有与＜表达式＞的值匹配，则 ELSE 子句中的命令将被执行。ELSE 子句是可选的。如果省略 ELSE 子句，并且找不到匹配项，MySQL 返回 NULL。

例 8.9 根据学生成绩，判断等级。

操作过程和结果如下：

mysql> SELECT xh, kch, cj,

　　-> CASE cj div 10

```
    -> WHEN 10    THEN   '优秀'
    -> WHEN 9     THEN   '优秀'
    -> WHEN 8     THEN   '良好'
    -> WHEN 7     THEN   '中等'
    -> WHEN 6     THEN   '及格'
    -> ELSE   '不及格'
    -> END AS 等级
    -> FROM cjxx;
```

xh	kch	cj	等级
20180501	0101	80	良好
20180501	0102	58	不及格
20180501	0201	85	良好
20180502	0101	90	优秀
20180502	0102	96	优秀
20180502	0201	93	优秀
20180503	0101	70	中等
20180601	0101	92	优秀
20180601	0201	56	不及格
20180602	0101	70	中等

可搜索的 CASE 语句语法：

```
CASE
    WHEN <条件1> THEN <命令>
    WHEN <条件2> THEN <命令>
    …
    ELSE<命令>
END CASE;
```

MySQL 分别计算 WHEN 子句中的每个条件，直到找到一个值为 TRUE 的条件，然后执行 THEN 子句中的相应<命令>。如果没有一个条件为 TRUE，则执行 ELSE 子句中的<命令>。如果不指定 ELSE 子句，并且没有一个条件为 TRUE，MySQL 返回 NULL。

用可搜索的 CASE 语句语法完成例 8.9：

```
mysql> SELECT xh, kch, cj,
    -> CASE
    -> WHEN cj<=100 AND cj>=90   THEN'优秀'
    -> WHEN cj>=80    THEN '良好'
    -> WHEN cj>=70    THEN '中等'
    -> WHEN cj>=60    THEN '及格'
    -> ELSE '不及格'
    -> END AS 等级
    -> FROM cjxx;
```

xh	kch	cj	等级
20180501	0101	80	良好
20180501	0102	58	不及格
20180501	0201	85	良好
20180502	0101	90	优秀
20180502	0102	96	优秀
20180502	0201	93	优秀
20180503	0101	70	中等
20180601	0101	92	优秀
20180601	0201	56	不及格
20180602	0101	70	中等

8.1.6 系统信息函数

系统信息函数用来查询 MySQL 数据库的系统信息。例如，查询数据库的版本，查询数据库的当前用户等。

1. VERSION 函数：返回版本号

VERSION()函数返回数据库的版本号。

操作过程和结果如下：

```
mysql> SELECT VERSION();
```

VERSION()
8.0.20

2. CONNECTION_ID 函数：返回服务器的连接数

CONNECTION_ID()函数返回服务器的连接数，也就是到现在为止 MySQL 服务的连接次数。

操作过程和结果如下：

```
mysql> SELECT CONNECTION_ID();
```

CONNECTION_ID()
11

3. DATABASE 和 SCHEMA 函数：返回当前数据库名

DATABASE()函数和 SCHEMA()函数的作用相同，都是返回当前操作的数据库名。

操作过程和结果如下：

```
mysql> SELECT DATABASE(), SCHEMA();
```

DATABASE()	SCHEMA()
stuman	stuman

4. 获取用户名的函数

USER()、SYSTEM_USER()、SESSION_USER()、CURRENT_USER()和CURRENT_USER 这几个函数都可以返回当前用户的名称。

操作过程和结果如下：

mysql> SELECT USER(), SYSTEM_USER(), SESSION_USER(), CURRENT_USER(), CURRENT_USER;

USER()	SYSTEM_USER()	SESSION_USER()	CURRENT_USER()	CURRENT_USER
root@localhost	root@localhost	root@localhost	root@localhost	root@localhost

5. 获取字符串的字符集

CHARSET(str)函数返回字符串 str 的字符集，一般情况这个字符集就是系统的默认字符集。

操作过程和结果如下：

mysql> SELECT CHARSET('HELLO');

CHARSET('HELLO')
gbk

6. 获取字符串的排序方式的函数

COLLATION(str)函数返回字符串 str 的字符排列方式。

操作过程和结果如下：

mysql> SELECT COLLATION('HELLO');

COLLATION('HELLO')
gbk_chinese_ci

8.1.7 加密函数

加密函数是 MySQL 中用来对数据进行加密的函数。因为数据库中有些很敏感的信息（如密码）不希望被其他人看到，就应该通过加密方式来使这些数据变成看似乱码的数据。

1. MD5 函数

MD5 函数可以对字符串 str 进行加密。在 MySQL8.0 以前版本，可以使用 PASSWORD 函数，用法与 MD5 相似，一般情况下，其主要是用来给用户的密码加密的。

操作过程和结果如下：

mysql> SELECT MD5('HELLO');

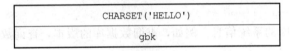

MD5('HELLO')
eb61eead90e3b899c6bcbe27ac581660

2. SHA 函数

SHA 加密：SHA 等同于 SHA1，SHA 加密算法比 MD5 更加安全。

操作过程和结果如下：

mysql> SELECT SHA('HELLO'), SHA1('HELLO');

SHA('HELLO')	SHA1('HELLO')
c65f99f8c5376adadddc46d5cbcf5762f9e55eb7	c65f99f8c5376adadddc46d5cbcf5762f9e55eb7

3. SHA2 函数加密

SHA2(str, hash_length)函数加密, hash_length 支持的值有 224, 256, 384, 512, or 0。0 等同于 256。

操作过程和结果如下：

mysql> SELECT SHA2('HELLO', 256);

SHA2('HELLO', 256)
3733cd977ff8eb18b987357e22ced99f46097f31ecb239e878ae63760e83e4d5

4. 加密解密函数

MD5 和 SHA 加密是不可逆的，这种加密在设置用户密码时是可以的，在登录时验证密码是否正确即可。但在数据加密时，有时是需要解密，查看原文的，这时既需要加密，还需要解密。

加密函数为 AES_ENCRYPT(str, pswd_str)。

AES_ENCRYPT(str, pswd_str)函数可以使用字符串 pswd_str 来加密字符串 str。加密的结果是一个二进制数，必须使用 BLOB 类型的字段来保存它。

解密函数为 AES_DECRYPT(crypt_str, pswd_str)。

AES_DECRYPT(crypt_str, pswd_str)函数可以使用字符串 pswd_str 来为 crypt_str 解密。crypt_str 是通过 AES_ENCRYPT(str, pswd_str)加密后的二进制数据。字符串 pswd_str 应该与加密时的字符串 pswd_str 是相同的。

下面使用 AES_ENCRYPT(crypt_str, pswd_str)为 AES_DECRYPT(str, pswd_str)加密的数据解密。

例 8.10 一考试系统，上报数据时，为了安全，需要对考生相关信息进行加密。

考生信息表结构如下：

"考生信息"表 ksxx

（考生号，记录）

"记录"是经过加密的考生信息，用 BLOB 类型存储数据。

建立考生信息表：

CREATE TABLE ksxx
(
ksh INT PRIMARY KEY,
jl BLOB
);

添加数据：

INSERT INTO ksxx(ksh, jl)
VALUES
(1001, AES_ENCRYPT('考生状态正常,成绩优秀', 'sec@rec'));
INSERT INTO ksxx(ksh, jl)

```
VALUES
(1002, AES_ ENCRYPT('作弊,成绩不及格', 'sec@rec'));
INSERT INTO ksxx(ksh, jl)
VALUES
(1003, AES_ ENCRYPT('系统错误,重新考试', 'sec@rec'));
```
在进行数据加密时,加密的密码需要牢记,本例题为'sec@rec',在解密时需要。
查询数据如图8.1所示。

图 8.1　查询数据

查询结果,在工具"Navicat"中查看,关于该工具的使用,在以后章节中详细介绍。

8.2　MySQL 自定义函数

MySQL 数据库系统中虽然提供了丰富的内部函数,但是有时为了满足某种特殊需求,需要用户自己来编写函数。本节介绍如何自己定义函数,以及如何使用这些函数。

8.2.1　自定义函数语法

自定义函数的语法格式如下:
```
CREATE FUNCTION 函数名([参数列表]) RETURNS 数据类型
BEGIN
    SQL 语句;
    RETURN 值;
END;
```
参数列表的形式:参数名　类型,参数名　类型……
RETURN 后的返回值类型应该与 RETURNS 后的数据类型一致,若不一致,自动转化为该类型后返回。

说明:默认情况下,如果允许 CREATE PROCEDURE 或 CREATE FUNCTION 语句被接受,就必须明确地指定 DETERMINISTIC 或 NO SQL 与 READS SQL DATA 中的一个,否则就会产生 1418 错误。

解决办法:"SET GLOBAL log_bin_trust_function_creators=1;"。

函数名后的小括号内部为参数列表,没有参数时,小括号也不能省略。

例 8.11　定义函数,返回提示信息。
```
DELIMITER//
DROP FUNCTION IF EXISTS fun1//
```

```
CREATE FUNCTION fun1() RETURNS VARCHAR(20)
BEGIN
RETURN '这是第一个自定义函数';
END//
DELIMITER ;
```
说明：RETURNS 后指定的长度必须大于等于 RETURN 后返回值的字符串长度，否则不能正确返回。

例 8.12　定义函数，求两个整数之和。

```
DELIMITER//
DROP FUNCTION IF EXISTS fadd//
CREATE FUNCTION fadd(a INT, b INT) RETURNS INT
BEGIN
RETURN a+b;
END//
DELIMITER ;
```
说明：a 和 b 为函数参数，类型都为 INT 型。

8.2.2　函数调用

在调用自定义函数时，与 MySQL 的内部函数一样，可以出现在表达式中，或查询语句中。调用的语法格式如下：

函数名([参数列表])

参数列表与定义函数时的参数一一对应，调用时将参数值传递给函数参数，然后函数执行后，将函数值返回到调用处。

例如，调用 fun1 函数，该函数没有参数，调用时不需要传递参数。

mysql> SELECT fun1();

fun1()
这是第一个自定义函数

调用函数 fadd，该函数有两个参数，在调用时，需要传递两个参数，参数类型与定义时对应，为 INT 型数据，然后函数将运算后的函数值传递到调用处，执行结果如下：

mysql> SELECT fadd(100, 200) AS result;

result
300

在自定义函数时，参数与存储过程参数不同，存储过程的参数可以有 IN、OUT、INOUT 三种类型，而函数只能有 IN 类，定义时不需要指定，函数的参数只能由调用时将表达式的值传递给参数。

8.2.3　函数应用

下面通过一些具体实例讲解自定义函数的应用。

例 8.13 编写函数，判断用户是否存在，若存在返回 1，否则返回 0。

"用户信息"表 userinfo 结构为(用户 id、用户名、密码)。

建立表 userinfo：

```
CREATE TABLE userinfo
(
    userid CHAR(2) PRIMARY KEY,
    username VARCHAR(20) NOT NULL,
    pwd VARCHAR(32)
);
```

向表中插入数据：

```
INSERT INTO userinfo(userid, username, pwd) VALUES ('01', 'admin', md5('123'));
INSERT INTO userinfo(userid, username, pwd) VALUES ('02', 'guest', md5('123'));
```

编写函数，根据用户名，在用户信息表中查询该用户是否存在，若存在，将该用户的用户编号保存到变量 result，若不存在，变量 result 值为空，然后判断变量 result 的值是否为空，来确定用户是否存在，该函数在系统登录时常用。

```
DELIMITER//
DROP FUNCTION IF EXISTS userIsExists//
CREATE FUNCTION userIsExists(user_name VARCHAR(20)) RETURNS INT
    BEGIN
        DECLARE result CHAR(2);
        SELECT userid INTO result
        FROM userinfo
        WHERE username=user_name;
        IF result IS NOT NULL THEN
            RETURN 1;
        ELSE
            RETURN 0;
        END IF;
END//
```

调用函数：

```
mysql> SELECT IF(userIsExists('guest')= 1, '登录成功', '用户不存在') AS 登录状态;
```

登录状态
登录成功

例 8.14 编写函数，统计用户数。

```
DELIMITER//
DROP FUNCTION IF EXISTS countUserNum//
```

```
CREATE FUNCTION countUserNum()RETURNS INT
    BEGIN
    DECLARE n INT;
    SELECT COUNT(userid) INTO n
    FROM userinfo;
    RETURN n;
END//
```
函数调用：

`mysql> SELECT countUserNum() AS 用户数;`

用户数
2

例 8.15 编写函数，根据学生成绩，返回等级。

100～90　优秀
89～80　良好
79～70　中等
69～60　及格
59～0　不及格

编写函数：

```
DELIMITER//
DROP FUNCTION IF EXISTS grade//
CREATE FUNCTION grade(cj INT) RETURNS VARCHAR(3)
  BEGIN
      DECLARE dj VARCHAR(3);
      CASE
      WHEN cj<= 100 AND cj>= 90 THEN SET dj='优秀';
      WHEN cj<= 89 AND cj>= 80 THEN SET dj='良好';
WHEN cj<=79 AND cj>=70 THEN SET dj='中等';
WHEN cj<=69 AND cj>=60 THEN SET dj='及格';
ELSE SET dj='不及格';
END CASE;
RETURN dj;
END//
```

查询"成绩信息"表 cjxx 时，显示等级信息。

`mysql> SELECT xh, kch, cj, grade(cj) as dj FROM cjxx;`

xh	kch	cj	dj
20180501	0101	80	良好
20180501	0102	58	不及格
20180501	0201	85	良好

续表

xh	kch	cj	dj
20180502	0101	90	优秀
20180502	0102	96	优秀
20180502	0201	93	优秀
20180503	0101	70	中等
20180601	0101	92	优秀
20180601	0201	56	不及格
20180602	0101	70	中等

编写函数，根据学生成绩，返回学生考试状态信息，低于60分为"补考"，其他为"通过"。

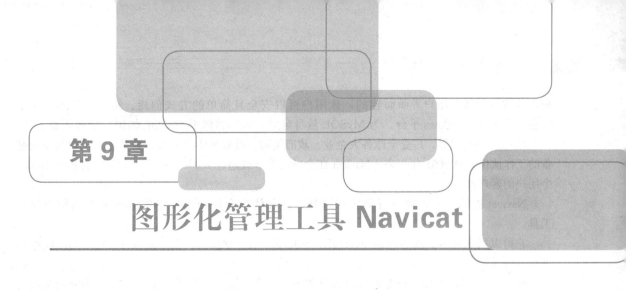

第 9 章

图形化管理工具 Navicat

教学目标

1. 了解图形化管理工具 Navicat。
2. 掌握使用图形化管理工具 Navicat 完成 MySQL 数据库的相关操作。

学习导航

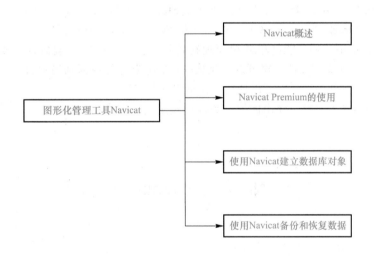

9.1 Navicat 概述

本书前面的章节大部分操作都是在 MySQL 命令行终端完成的，这样做的目的是加深初学者对 MySQL 操作的熟悉程度，但在实际数据库设计过程中，为了提升效率，排除错误，系统开发人员经常使用数据库管理工具来进行数据库的开发，以提高开发效率。正所谓"工欲善其事，必先利其器"，下面介绍一种常用的数据库图形化管理工具 Navicat。

Navicat 是一套快速、可靠并价格相当便宜的数据库管理工具，专为简化数据库的管理及降低系统管理成本而设。它的设计符合数据库管理员、开发人员及中小企业的需要。Navicat

是以直觉化的图形用户界面而建的,让用户可以安全且简单的方式创建、组织、访问并共享信息。它基于 Windows 平台,为 MySQL 量身定做,提供类似于 MsSQL 的用户管理界面工具。

Navicat 闻名世界,广受全球各大企业、政府机构、教育机构的信赖,更是各界从业员每天必备的工作伙伴。自 2001 年以来,Navicat 在全球已被下载超过 2 000 000 次,并且已有超过 70 000 个用户的客户群。

Navicat 提供多达 7 种语言供客户选择,被公认为全球最受欢迎的数据库前端用户界面工具。

它可以用来对本机或远程的 MySQL、SQL Server、SQLite、Oracle 及 PostgreSQL 数据库进行管理及开发。

Navicat 的功能足以符合专业开发人员的所有需求,而且对数据库服务器的新手来说又相当容易学习。

Navicat 适用于 Microsoft Windows、Mac OS X 及 Linux 三种平台。它可以让用户连接到任何本机或远程服务器,提供一些实用的数据库工具如数据模型、数据传输、数据同步、结构同步、导入、导出、备份、还原、报表创建工具及计划以协助管理数据。

Navicat Premium 是一个可多重连接的数据库管理工具,可以单一程序同时连接到 MySQL、Oracle、PostgreSQL、SQLite 及 SQL Server 数据库,让管理不同类型的数据库更加方便。Navicat Premium 结合了其他 Navicat 成员的功能。具有不同数据库类型的连接能力,Navicat Premium 支持在 MySQL、Oracle、PostgreSQL、SQLite 及 SQL Server 之间传输数据。它支持大部分 MySQL、Oracle、PostgreSQL、SQLite 及 SQL Server 的功能。

Navicat Premium 使用户能简单并快速地在各种数据库系统间传输数据,或传输一份指定 SQL 格式及编码的纯文本文件。这可以简化从一台服务器迁移数据到另一台服务器的类型的进程。不同数据库的批处理作业也可以计划并在指定的时间运行。

其他功能包括导入向导、导出向导、查询创建工具、报表创建工具、资料同步、备份、工作计划及更多。

9.2 Navicat Premium 的使用

9.2.1 Navicat Premium 的界面

在 Windows 系统上安装 Navicat Premium 与安装其他应用程序相似,下载 Navicat Windows 版本;打开".exe"文件;在欢迎画面单击"下一步";请阅读许可协议;接受并单击"下一步";接受安装位置并单击"下一步";如果想选择另一个文件夹,请单击"浏览";运行其余的步骤。

安装成功后,启动 Navicat Premium 后,主窗口如图 9.1 所示。

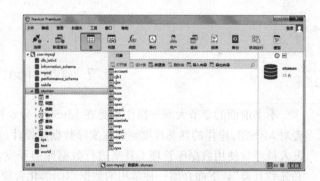

图 9.1 Navicat Premium 主窗口

1. 主工具栏

主工具栏如图 9.2 所示。它具有访问基本的对象和功能，如连接、用户、表、集合、备份、自动运行及更多。若要使用细图标或隐藏图标标题，请右击工具栏并禁用"使用大图标"或"显示标题"。

图 9.2　主工具栏

2. 导航窗格

导航窗格如图 9.3 所示。它是浏览连接、数据库和数据库对象的基本途径。如果导航窗格已隐藏，从菜单栏选择"查看"→"导航窗格"→"显示导航窗格"。

3. 对象窗格

对象窗格如图 9.4 所示。它显示一个对象的列表（如表、集合、视图、查询等），以及具有选项卡的窗口表单。使用"列表""详细信息"和"ER 图表"按钮来转换对象选项卡的查看。

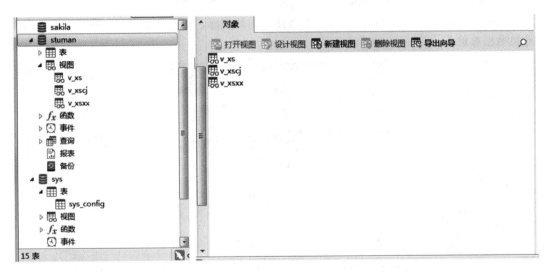

图 9.3　导航窗格　　　　　　　图 9.4　对象窗格

4. 对象工具栏

对象工具栏在对象窗口的上方，提供其他控件，用以操作对象。

5. 信息窗格

信息窗格在对象窗口的右侧，显示对象的详细信息、项目活动日志、数据库对象的 DDL、对象相依性、用户或角色的成员资格和预览。如果信息窗格已隐藏，从菜单栏选择"查看"→"信息窗格"→"显示信息窗格"。

9.2.2　连接 MySQL

在使用 Navicat Premium 操作 MySQL 数据的第一步，需要新建连接。连接 MySQL 时，需要有一个合法的用户名和密码。

在菜单上选择"文件"→"新建连接"→"MySQL…"或选择主工具栏上的"连接"→"MySQL…",弹出"MySQL新建连接"对话框。在该对话框填写"连接名""主机名或IP地址""端口""用户名"和"密码",然后单击"连接测试"按钮,如果显示连接成功,单击"确定"按钮,建立连接,具体操作见"1.3.3 MySQL管理工具介绍"。

建立连接后就可以操作各种数据库对象了,如建立数据库、建立表、视图、存储过程和函数等。

9.3 数据库

9.3.1 建立数据库

在导航窗格中,右击连接并选择"新建数据库",如图9.5所示。

弹出"新建数据库"对话框,如图9.6所示,填写"数据库名"为xsgl,选择"字符集"为utf8mb4,选择"排序规则"为utf8mb4_0900_ai_ci,然后单击"确定"按钮。

建立成功后,可以在"导航窗口"中查看新建立的数据库,双击该数据库,就可以操作数据库中的数据对象了。

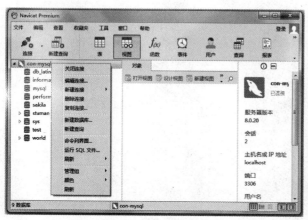

图9.5 右击连接　　　　　　　　　　图9.6 "新建数据库"对话框

9.3.2 编辑数据库

在导航窗格中,右击数据库并选择"编辑数据库",弹出"编辑数据库"对话框;在弹出的对话框中编辑数据库的属性。在编辑数据库中只能更改数据库的"字符集"和"排序规则",MySQL不支持通过它的界面重命名数据库,更改后单击"确定"按钮进行保存。

例如,将"xsgl"数据库的"字符集"更改为"latin1","排序规则"更改为"latin1_danish_ci",如图9.7所示。

图9.7 "编辑数据库"对话框

9.3.3　删除数据库

在导航窗格中，右击数据库并选择“删除数据库”，弹出“确认删除”对话框，提示“你确定要删除“xsgl”吗?”，如图 9.8 所示，如果单击“删除”按钮，则将其删除；单击“取消”按钮，则放弃删除。

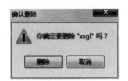

图 9.8　删除数据库

9.4　数据表

9.4.1　建立表

数据库建立完成后，需要在数据库中建立数据表。

表是数据库对象，包含数据库中的所有数据。表由行和列组成，它们的相交点是字段。在主窗口中，单击“表”按钮打开表的对象列表。

鼠标右键单击导航栏中“表”按钮，在“对象”窗口中弹出新建表操作。

以建立“学生信息”表 xsxx 为例，完成操作，在“字段”选项卡中填写“字段名”xh，选择“类型”char，“长度”输入 8，选择“键”，“注释”中填写“学号”，然后在对象工具栏中单击“添加字段”，完成“姓名”字段的设置；以同样方法完成其他字段设置，如图 9.9 所示。

名	类型	长度	小数点	不是 null	虚拟	键	注释
xh	char	8	0	☑	☐	1	学号
xm	varchar	20	0	☑	☐		姓名
xb	char	2	0	☐	☐		性别
csrq	time	6	0	☐	☐		出生日期
zy	varchar	50	0	☑	☐		专业

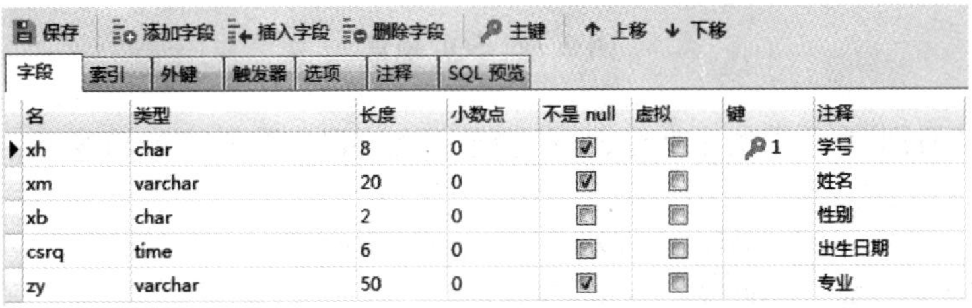

图 9.9　设置字段

建立完成后，可以单击对象工具栏中“插入字段”按钮，在当前位置插入新字段，可以单击“删除字段”按钮，删除字段，可以通过单击“上移”和“下移”按钮，重新将“字段”排序，可以单击“主键”按钮，将字段设置为主键。然后单击“SQL 预览”，查看自动生成的建立表的 SQL 语句，如图 9.10 所示。

```
CREATE TABLE `xsgl`.`Untitled`  (
  `xh` char(8) NOT NULL COMMENT '学号',
  `xm` varchar(20) NOT NULL COMMENT '姓名 ',
  `xb` char(2) COMMENT '性别',
  `csrq` time(10) COMMENT '出生日期',
  `zy` varchar(50) NOT NULL COMMENT '专业',
  PRIMARY KEY (`xh`)
);
```

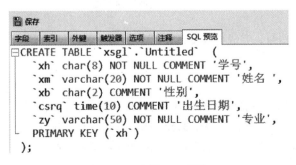

图 9.10　查看 SQL 语句

单击"保存"按钮,弹出"表名"对话框,输入表名 xsxx 后,单击"确定"按钮,即可完成表的建立,如图 9.11 所示。

图 9.11 "表名"对话框

9.4.2 更改表

表建立后,鼠标右键单击导航栏中"表"按钮,在弹出的快捷菜单中选择"设计表",重新打开设计表的对象窗口,可以修改已经建立各个字段的类型,也可以添加或删除字段。

在字段"专业"前添加字段"籍贯",选择"专业"字段,然后单击"插入字段"按钮,填入字段名类型、长度等信息,单击"SQL 预览"按钮,可以查看添加字段的 SQL 语句,如图 9.12 所示。

图 9.12 SQL 预览

然后将"出生日期"字段类型更改为 date,更改后的字段视图如图 9.13 所示。

图 9.13 更改字段类型

操作后单击"保存"按钮,完成更改操作。

9.4.3 删除表

删除表操作比较简单,与删除数据库操作相似。鼠标右键单击导航栏中"表"按钮,在弹出的快捷菜单中选择"删除表",弹出"确认删除"对话框,单击"删除"按钮,则将其删除;单击"取消"按钮,则放弃删除,如图 9.14 所示。

图 9.14 删除表

9.4.4 插入数据

表建立后,单击鼠标右键导航栏中"表"按钮,在弹出的快捷菜单中选择"打开表",在对象窗口中显示已经建立的表结构,如图 9.15 所示。

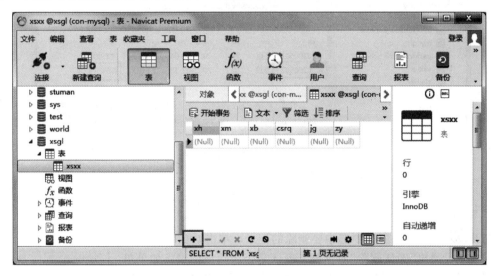

图 9.15 表结构

单击对象窗口下方的"＋"按钮,添加记录,"出生日期"字段可以选择操作,也可以直接填写信息,添加完信息后,单击对象窗口下方的"√"按钮,确认添加记录操作,如图 9.16 所示。

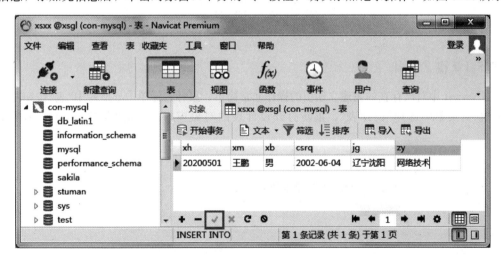

图 9.16 添加记录

9.4.5 更改数据

打开表后,直接在对象窗口中对表中的数据进行更改,更改后单击对象窗口下方的"√"按钮,完成更改操作,如图 9.17 所示。如果想放弃更改,单击"×"按钮,放弃更新操作。

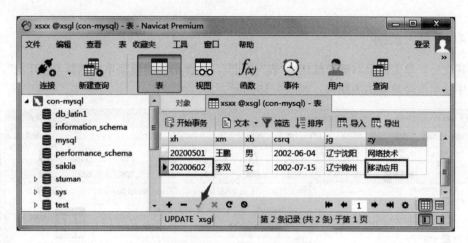

图 9.17　更改数据

9.4.6　删除数据

打开表后，在对象窗口中选中要删除的记录，单击对象窗口下方的"—"按钮，弹出"确认删除"对话框，确认是否删除该记录，如果单击"删除一条记录"按钮，则删除选中记录；单击"取消"按钮则放弃删除，如图 9.18 所示。

图 9.18　删除一条记录

9.5　索引

9.5.1　建立索引

在 Navicat 中对已存在的表建立索引的操作非常简单，鼠标右键单击导航栏中"表"按钮，在弹出的快捷菜单中选择"设计表"，重新打开设计表的对象窗口；单击"索引"标签，如图 9.19 所示。

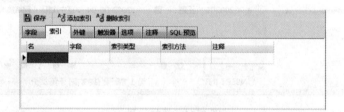

图 9.19　"索引"选项卡

在"索引"选项卡中的"名"中填入索引名，"字段"中选择建立索引的字段，在"索引类型"中选择对应的索引类型，选择对应的索引方法（BTREE 或 HASH），然后添加"注释"。

例如，为"学生信息"表 xsxx 中的"姓名"字段 xm 添加索引，索引类型为"BTREE"，索引名字为"index_xm"，然后单击"保存"按钮，操作后的结果如图 9.20 所示。

图 9.20 建立索引

9.5.2 更改索引

更改索引与建立索引相似，打开"设计表"，选择已建立的索引，然后将该索引的各个字段的值重新选择，选择后保存，完成更改操作。

例如，将"学生信息"表 xsxx 中已经建立的索引 index_xm 的索引类型更改为"HASH"，更改后如图 9.21 所示。

图 9.21 更改索引方法

9.5.3 删除索引

打开"设计表"，在已建立的索引中选择要删除的索引，然后单击"删除索引"按钮，弹出"确认删除"对话框，单击"删除"按钮，则完成删除操作；若放弃删除，则单击"取消"按钮，如图 9.22 所示。

图 9.22 删除索引

9.6 外键

9.6.1 建立外键

(1)建立"寝室信息"表 qsxx，表结构如图 9.23 所示。

图 9.23 "寝室信息"表结构

(2)向“寝室信息”表 qsxx 添加记录，如图 9.24 所示。

bh	mc	bz
1	第一宿舍楼	男生
2	第二宿舍楼	男生
3	第三宿舍楼	女生
4	第四宿舍楼	(Null)

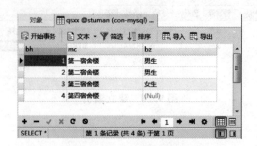

图 9.24　添加“寝室信息”记录

(3)建立“学生寝室”表 xsqs，表结构如图 9.25 所示。

名	类型	长度	小数点	不是 null	虚拟	键	注释
xh	char	8	0	☑	☐	1	学号
xm	varchar	20	0	☑	☐		姓名
xb	char	2	0	☐	☐		性别
qsbh	int	0	0	☐	☐		寝室编号

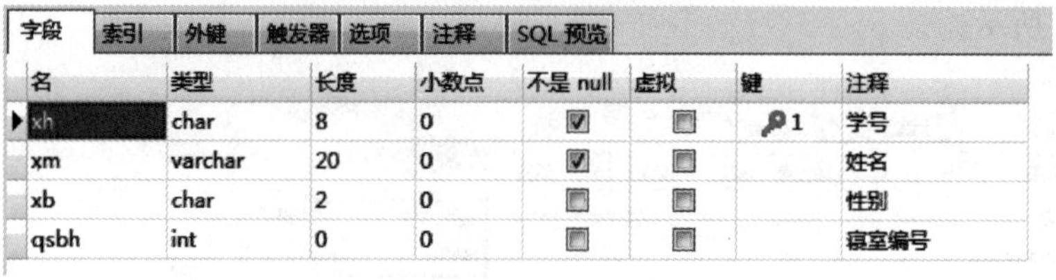

图 9.25　“学生寝室”表结构

(4)向“学生寝室”表 xsqs 添加记录，如图 9.26 所示。

xh	xm	xb	qsbh
20180501	刘松	男	1
20180502	宋玉晨	女	3
20180503	王洪赫	男	1
20180601	张东升	男	2
20180602	李双	女	(Null)
20180603	王东	男	(Null)

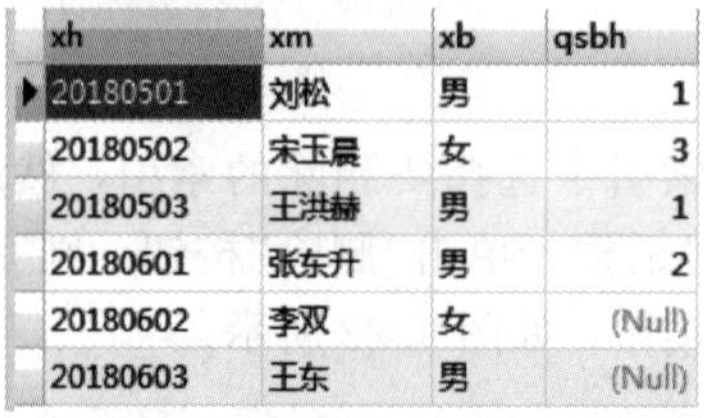

图 9.26　添加“学生寝室”记录

(5)将“学生寝室”表 xsqs 中的字段“寝室编号”设置外键，外键为“寝室信息”表 qsxx 中的字段“编号”。

首先，打开“学生寝室”表 xsqs 的“设计表”视图，单击“外键”标签，外键“名”填入 xsqs_bh、“字段”选择 qsbh。“参考模式”选择参考关系所在的数据库，如果与其在同一数据库中，则默认。“参考表”选择 qsxx，“参考字段”选择参考表中的“编号”字段，选择后单击“保存”按钮，结果如图 9.27 所示。

名	字段	参考模式	参考表	参考字段	删除时	更新时
xsqs_bh	qsbh	stuman	qsxx	bh	RESTRICT	RESTRICT

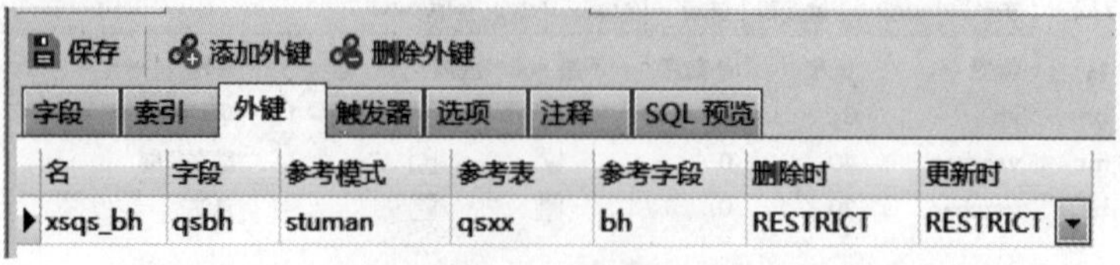

图 9.27　设置外键

(6)建立外键后执行如下命令：
UPDATE xsqs SET　qsbh=6 WHERE xh='20180602';
系统提示：
UPDATE xsqs SET　qsbh=6 WHERE xh='20180602'
1452 - Cannot add or update a child row: a foreign key constraint fails (`stuman`.`xsqs`, CONSTRAINT `xsqs_bh` FOREIGN KEY(`qsbh`)REFERENCES `qsxx`(`bh`))
时间：0.009s
说明：将"学生寝室"表 xsqs 中记录的"寝室编号"更改为 6，而在参考表"寝室信息"表 qsxx 中没有编号为 6 的寝室，所以错误，表示外键建立成功。

9.6.2　更改外键

更改外键与建立外键在同一视图中完成，打开"设计表"视图，选择"外键"选项卡，在已建立的外键列表中选择需要更改的外键，然后重新填写各个字段的值，更改后单击"保存"按钮，完成更改操作。

9.6.3　删除外键

打开设计表，选择"外键"选项卡，在已经建立的外键列表中选择要删除的外键，然后单击"删除外键"按钮，在"确认删除"对话框中选择"删除"即可。

9.7　触发器

9.7.1　建立触发器

在 Navicat 中对已存在的表建立触发器，鼠标右键单击导航栏中"表"按钮，在弹出的快捷菜单中选择"设计表"，重新打开设计表的对象窗口；单击"触发器"标签，如图 9.28 所示。

图 9.28　"触发器"选项卡

触发器是建立在表上，在"名"字段中填写触发器的名字，在"触发"字段中选择触发时间（AFTER 或 BEFORE），然后选择触发类型，选中对应类型下面的复选框，然后在"定义"编辑框中输入触发器内容。

例如，在"学生信息"表 xsxx 上建立触发器 tri_InsStudent，当插入一个学生信息时，向"日志表"logs 添加日志信息。

首先在"触发器"选项卡对应的"名"字段中输入触发器的名字 tri_InsStudent，选择"触发"字段为"AFTER"，在"插入"字段下面勾选复选框；然后在"定义"编辑框中输入触发器内容："INSERT INTO logs(info，time) VALUES('插入一个学生'，NOW())；"，如图 9.29 所示，然后单击"保存"按钮，完成触发器的建立。

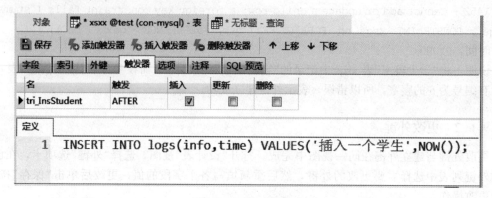

图 9.29　建立触发器

在"SQL 预览"选项卡中可以查看建立触发器生成的 SQL 语句，如图 9.30 所示。

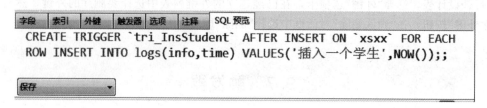

图 9.30　预览触发器生成语句

9.7.2　查看触发器

在 Navicat 中查看已经建立的触发器，鼠标右键单击导航栏中的数据库，选择"新建查询"，在"查询"窗口中输入命令："SHOW TRIGGERS;"，如图 9.31 所示。

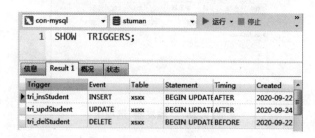

图 9.31　查看触发器

9.7.3　删除触发器

在查询窗口中，使用命令"DROP TRIGGER 触发器名;"来删除触发器。

9.8 视图

9.8.1 建立视图

1. 用 SQL 命令建立

在 Navicat 中，打开当前数据库，鼠标右键单击"视图"，选择"新建视图"，在"定义"窗口中输入建立视图的 SQL 语句，然后保存，这种建立视图的方式与命令行终端一样，通过书写 SQL 语句建立。

2. 视图创建工具建立

单击"视图创建工具"按钮，打开"查询创建工具"窗口，将创建视图需要的表用鼠标拖动到编辑区域，如图 9.32 所示。

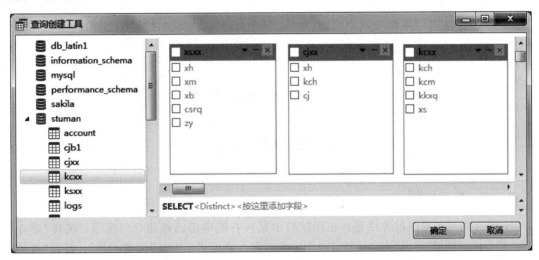

图 9.32 "查询创建工具"窗口

用鼠标将对应字段拖动，实现表间关联，然后选择输出的字段，如图 9.33 所示。

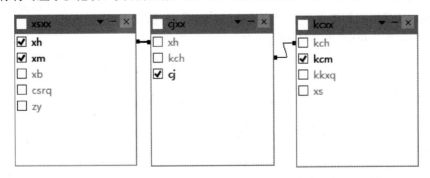

图 9.33 表间关联

单击"确定"按钮，在"定义"窗口中生成对应的 SQL 语句，如图 9.34 所示。

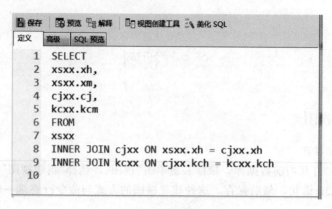

图 9.34　生成 SQL 语句

单击"保存"按钮，弹出"视图名"对话框，输入视图名字，单击"确定"按钮完成视图建立，如图 9.35 所示。

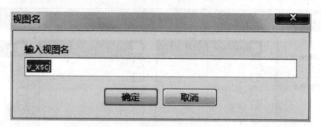

图 9.35　"视图名"对话框

9.8.2　修改视图

Navicat 中修改视图的方法是，在导航栏中鼠标右键单击已经建立的视图，选择"设计视图"，然后可以通过"定义"中直接修改视图定义语句，也可单击"视图创建工具"，打开"查询创建工具"窗口，进行修改，修改方式与创建视图相同，然后保存。

9.8.3　删除视图

在导航栏中鼠标右键单击需要删除的视图，选择"删除视图"，弹出"确认删除"对话框，单击"删除"按钮，将其删除，如图 9.36 所示。

图 9.36　删除视图

9.9　存储过程

9.9.1　创建存储过程

在 Navicat 的导航栏中，打开数据库，鼠标右键单击"函数"图标，选择"新建函数"菜单，弹出"函数向导"窗口，如图 9.37 所示。

图 9.37 "函数向导"窗口

在 Navicat 中,将存储过程和函数放在一起管理,如果要建立存储过程,在"函数向导"对话框中选择"过程",进入存储过程的参数设置对话框;设置参数[IN xsxh varchar(8)和 OUT xsxm varchar(20)],如图 9.38 所示,然后单击"完成"按钮;进入存储过程"定义"编辑窗口,在 BEGIN 和 END 之间输入存储过程内容,如图 9.39 所示;系统建立存储过程默认的名字为 NewProc,将其更改为 getStudentName,然后单击"保存"按钮,保存存储过程,如图 9.40 所示。

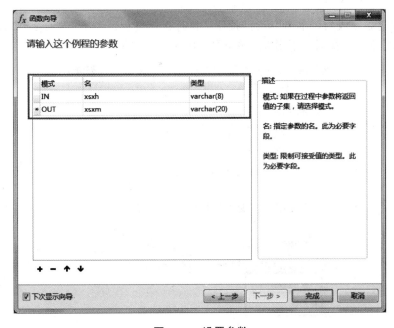

图 9.38 设置参数

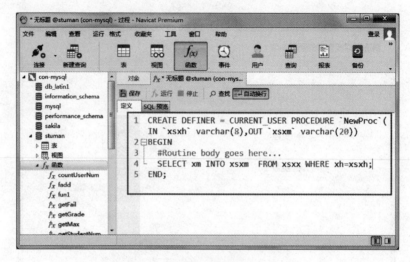

图 9.39 输入存储过程内容

图 9.40 保存存储过程

9.9.2 执行存储过程

存储过程建立完成后,单击"运行"按钮,执行存储过程,弹出"输入参数"对话框,输入 xsxh,当输入字符型数据时,不用输入单引号,如图 9.41 所示。

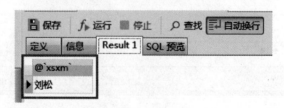

图 9.41 输入参数

参数输入后,单击"确定"按钮,在编辑区域输入运行结果,如图 9.42 所示。

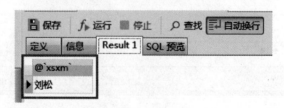

图 9.42 运行结果

9.9.3 修改存储过程

对于已经建立完成的存储过程，如果需要修改，重新进入存储过程"定义"选项卡的编辑窗口进行修改，修改后，单击"保存"按钮。

9.9.4 删除存储过程

在导航栏中，首先打开需要删除存储过程所在的数据库，鼠标右键单击"函数"图标，在弹出菜单中选择删除函数，然后弹出"确认删除"对话框，单击"删除"按钮，如图 9.43 所示。

图 9.43 删除存储过程

9.10 事件

9.10.1 建立事件

在 Navicat 的导航栏中，打开数据库，鼠标右键单击"事件"图标，选择"新建事件"菜单，在"事件"操作窗口中的"定义"选项卡的编辑区域填写事件操作语句，如图 9.44 所示。

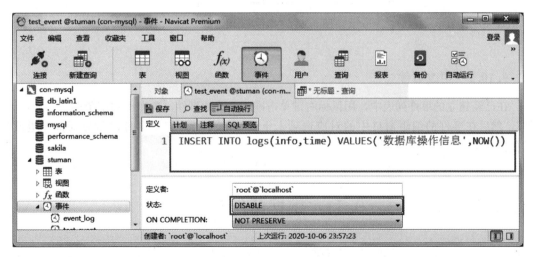

图 9.44 填写事件操作语句

状态：选择 DISABLE，表示事件定义后，启动事件；然后选择"计划"选项卡，选择计划启动的时间，本例选择每 20 s 启动一次事件，如图 9.45 所示。

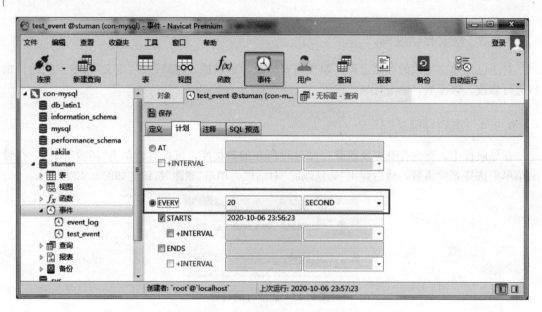

图 9.45 选择计划启动时间

设置完启动事件的时间后,单击"保存"按钮,弹出"事件名"对话框,输入事件名,如图 9.46 所示。

图 9.46 "事件名"对话框

9.10.2 更改事件

在已经建立的事件列表中,用鼠标右键单击准备更改的事件,在弹出的菜单中选择"设计事件",然后在事件的编辑窗口中的对应选项卡上更改事件的内容或事件的触发时间,更改后保存。

9.11 数据备份与恢复

9.11.1 备份数据

(1)在导航栏上要导出的数据库名或表名上单击鼠标右键,在弹出菜单上选择"转储 SQL 文件"命令,如图 9.47 所示。

图 9.47　转储 SQL 文件

(2)选择"结构和数据"或"仅结构",弹出"另存为"对话框,选择保存位置和文件名,然后单击"保存"按钮,如图 9.48 所示。

图 9.48　"另存为"对话框

(3)保存成功后，会显示备份相关信息，然后单击"关闭"按钮即可，如图9.49所示。

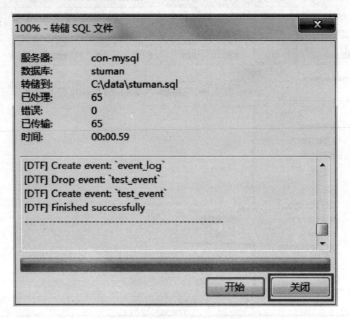

图 9.49　显示备份相关信息

9.11.2　数据导入

(1)新建立一个数据库，配置与导出数据库相同的字符集，数据库可以与导出的数据库名字不同，如图9.50所示。

图 9.50　新建数据库

(2)鼠标双击该数据库，将其切换成当前库，鼠标右键单击该数据库名，弹出快捷菜单，选择"运行 SQL 文件"命令，如图9.51所示。

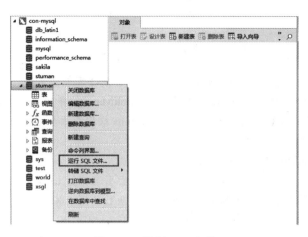

图 9.51　运行 SQL 文件

(3)在弹出的"运行 SQL 文件"对话框中，单击"文件"文本框后的"…"按钮，到 C 盘 data 文件夹下找到刚才导出的 stuman.sql 文件。选择字符集，最后单击"开始"按钮，即可导入数据，如图 9.52 所示。

图 9.52　导入数据

(4)数据导入成功后，显示成功窗口信息，如图 9.53 所示。

图 9.53　显示成功窗口信息

打开数据库图形化管理工具 Navicat，连接 MySQL 数据库管理系统。

建立图书管理数据库 BookManSys，在数据库 BookManSys 中建立图书信息表 BookInfo，表结构参照第 2 章【课后实训】，更改图书信息表 BookInfo 结构，添加出版社(press)字段，类型为可变长度(VARCHAR)，长度为 50。

在图书信息表 BookInfo 中添加数据。

为出版社(press)字段建立 BTREE 类型的索引，索引名字为 index_press。

建立存储过程，要求输入出版社名称，输出该出版社的所有图书信息。

备份图书信息表结构及其数据。